極光《オーロラ》物語

写真　谷角　靖
文　杉山久仁彦

【はじめに】

みなさんは極光《オーロラ》のことをどの程度ご存じだろうか?
少なくとも夜空に変幻自在に変化する光のショーを
様々なメディアを通して見る機会はあるでしょう。
つい最近経験した日食騒動でも感じたことですが、
猫もしゃくしもにわか天文学者になったり、人生観が変わった
などと言い出す人がでるやら、大騒ぎになりましたが、
この様子は中世にヨーロッパで大規模なオーロラが観測されたときに
人々が天変地異の予兆として大騒動になった様子と重なります。
「虹」や、「雲」などの現象は長年身近なところに情報があったはずなので、
ふんだんに情報があるのかと思うとさにあらず、
天の光象に関する書籍はほとんど出版されていないことが判明しました。
その点では「極光」に関する写真集や解説本は「虹」や「雲」に比べれば
比較的多く出版されています。
日本には世界的な極光の研究者が存在するからかもしれません。
しかしながら極光は日常的に見られる現象ではないので、
一般的には「虹」や「雲」より更に理解されていない可能性があります。
この機会に、谷角靖氏の写真を鑑賞しながら、
私と一緒に人類と極光の歴史物語を学習しましょう。

杉山久仁彦

【本書について】

◎本書は風景写真家谷角靖が長年撮りためた風景写真の中から、「オーロラ」の写真を選んで一冊にまとめたものです。

◎オーロラをより深く知るために、オーロラと人類の関わりの歴史を七つの「極光物語」にまとめました。

◎一般的な気象関係の写真集との違いは記録的な写真ではなく、より美的に美しい構図や色彩をテーマにしています。そのために解説も学術的な説明よりはオーロラの文化的な側面に重点を置きました。

◎撮影した季節や時間に関してはあえてランダムに配置しました。

◎写真の下の横組みの文章は谷角が、写真右サイドの縦組みの丸数字＋見出しは杉山が、担当しています。通常オーロラの写真にタイトルは付けないのが一般的ですが本書では写真の特徴をタイトルにしています。

目次

極光《オーロラ》物語

七つの【極光《オーロラ》物語】

極光《オーロラ》について

極地の空が夜の帳《とばり》に包まれると、旅人たちは運が良ければ極光の共演に遭遇します。まさに未知との遭遇といった感じです。北極や南極の気象現象に関しては厳しい自然環境故に西洋文明は二〇世紀になるまで、きわめて曖昧な知識しか持ち得ませんでした。つまり、北極と南極は長い間ミステリーゾーンだったのです。

すでに前作の『虹物語』と『雲物語』を読まれた方は気づかれていると思いますが、この物語に共通するのは「気象現象」または天の「光象」のお話です。当然原稿執筆前の踏査で調べた諸説の中には、共通して登場する場合が多いのです。例えばアリストテレスの『気象論』には、「虹」や「雲」の他に「オーロラ」に関しても記述があります。それは古代ギリシアから近代にかけて、プリニウスやデカルトなど、大半の科学者に影響を与えています。つまり、近代まで決定的な代案が登場しなかったので、アリストテレス説の呪縛から逃れることができなかったのです。それらの話は物語の中でおいおい話するとして、まず、「極光」とはなんぞや？という大まかな話から始めましょう。

現在、極光は気象現象ではなく太陽地球系物理学の扱う現象です。オーロラの光は太陽から飛来する高温の荷電粒子（プラズマ）が、大気の成分の酸素や窒素と反応して発光します。ちょうど上空に巨大なプラズマテレビがうねっているようなものです。

私も最初は意識していなかったのですが、「極光《オーロラ》」には「北極光」と「南極光」があります。地球は巨大な磁石なので、北極にオーロラが出ると、同時に南極にもほぼ同じ形のオーロラが見られるのです。当たり前と言えば当たり前ですが、これは驚きでした。今のうちに私がオーロラの色は虹色だと思いこんでいた時期があったことも告白しておきましょう。谷角さんの写真をよく鑑賞していただければおわかりになると思いますが、オーロラの主な色は緑です。そのほかは赤と紫が時たま見られ、それ以外の色はほとんど確認できません。まれに虹色っぽいオーロラの写真を見かけますが、それはきわめて幸運なケースです。

オーロラのもう一つの特徴は動きです。オーロラは素早く変化し動き回ります。それゆえ神話では、蛇に見立てられることもあります。その点では「虹」や「雲」と類似しています。この辺の話も物語の中でおいおいお話ししましょう。

◉ 氷点下 35 度の中、水蒸気が凍り街頭に照らされ現れた光柱とオーロラを共に撮影。

撮影時：2008 年 4 月　場所：タクトヤクタック（北極海）

【ユピテルはどこに】

天然の　たくらみやいかに、
闇の地ゆ　あけぼの来る
日輪の　座にましますや
凍てし海の　光のはえが
見よ今し　冷たき焔
我を包み　夜のとばり開く

闇に震う　光こそ何
大空に　かそけく燃ゆる
雲もなみ　星降る空を
駆け上るや　稲妻のごと
いかなれば　凍つる氷霧ぞ
冬の空に　火を灯すべき

…ロモノソフ　一七四三、小口高著、『神秘の光オーロラ』より…

様々な極光《オーロラ》の世界

極光は二十四時間存在しますが、日中は明るくて見えません。太陽光線が弱まるにつれてその美しい姿が現れます。深夜にかけてショーは佳境に入り、日の出から日没にかけて一旦姿を隠します。

オーロラは北極と南極に同時に現れる光の織りなすページェントです。厳寒の地でしか見られない太陽からの贈り物でもあります。太古の時代から原住民におそれられたり、尊敬されたりした極光ですが、なぜか神に祭り上げられることもなく、この不思議な現象は文明の初期からごく最近まで気象学で扱われ、現代では地球物理学によってほぼその原理が解明されています。それにもかかわらず、神秘性を手放すこともなく、見たものの心をとらえて放さない光象なのです。

◉ 極夜にきらめく宝石光
撮影時：２００９年２月　場所：ホワイトホース郊外

❷大波オーロラ

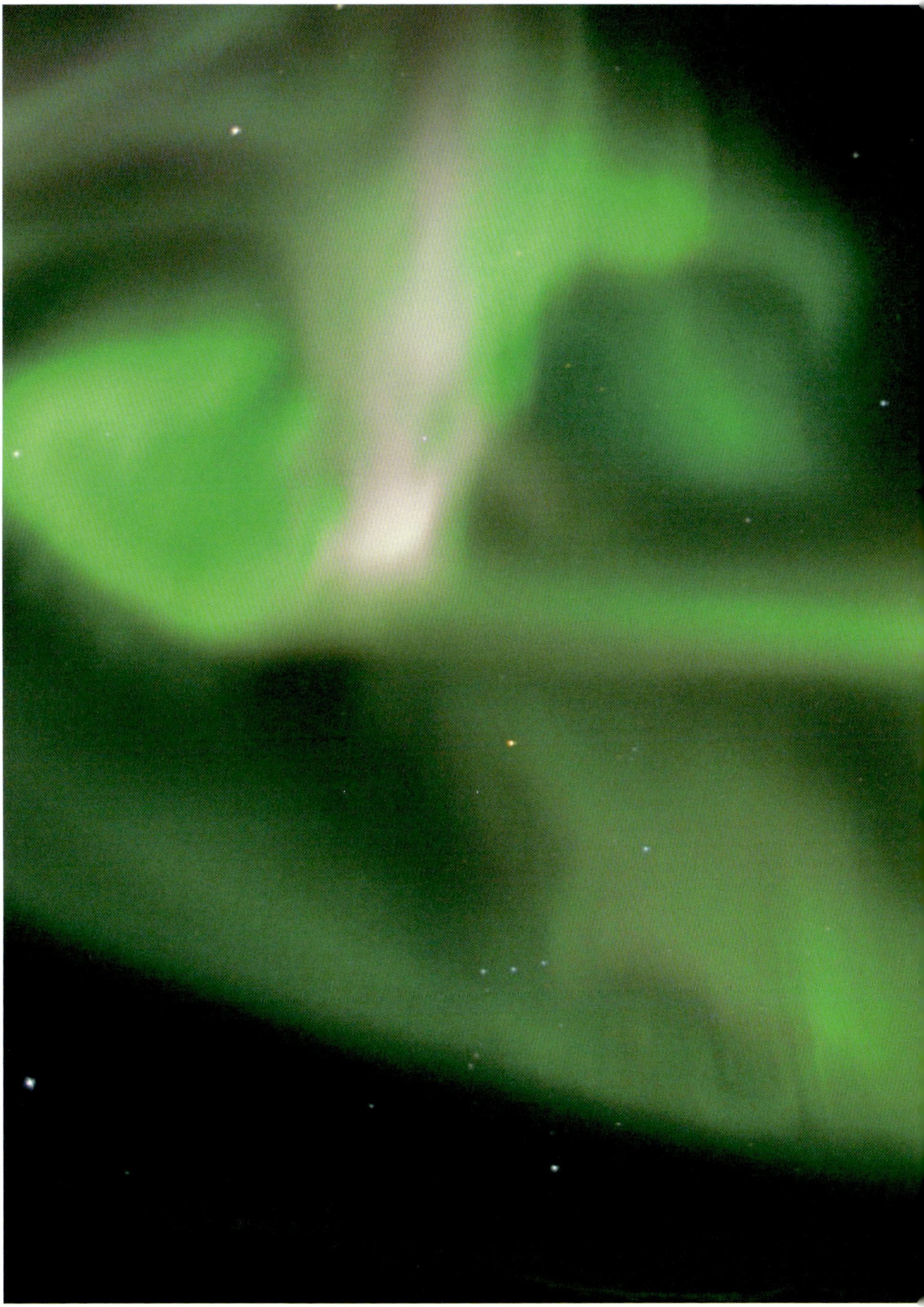

◉ ひだの動きが非常に早く一晩中光が舞った夜でした。
撮影時：2005 年 1 月　場所：ホワイトホース近郊

❸ 街の上のオーロラ

● 湖が凍りつく前、街灯りとオーロラが水面に反射するのを狙い撮影。
撮影時：2006 年 9 月　場所：ホワイトホース市内

❹北極海上のアーク

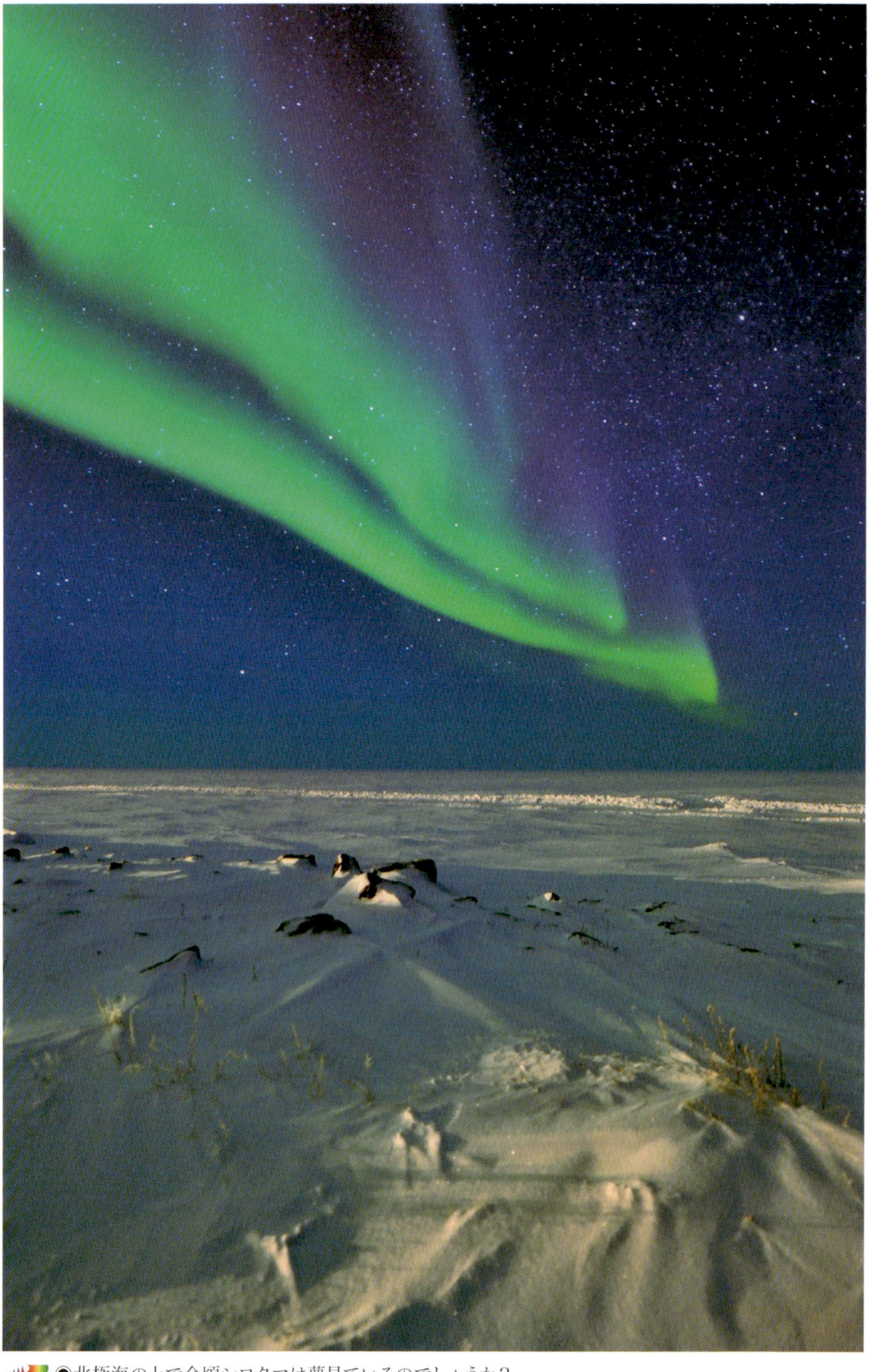

●北極海の上で今頃シロクマは夢見ているのでしょうか？
撮影時：2008 年4月　場所：北極海

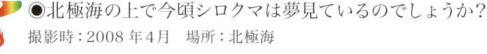

【極光物語】その一　オーロラという名前の由来

オーロラという名前の由来を調べてみましょう。まず辞書で「オーロラ」を引くと「《ローマ神話の暁の女神アウロラから》地球の南北極に近い地方でしばしば一〇〇キロメートル以上の高さの空中に現れる美しい薄光。不定形状・幕状など数種類あり、普通白色または赤緑色を呈する。主として太陽から来る帯電微粒子に起因し、磁気嵐に付随することが多い。極光。」（広辞苑第六版・岩波書店刊）とあります。冒頭に出てくるローマ神話の女神アウロラ（ギリシアではエーオスと呼ばれています）というのは暁の女神、つまり星々を追い払い地上に夜明けをもたらす神ですが、ローマ時代にはアウロラと、いわゆる極光《オーロラ》がイコールであったわけではありません。というのは、ローマという立地条件ではオーロラはまれにしか見ることのできない珍しい現象だからです。

では、現在の極光を指す意味で最初にオーロラと命名したのはだれなのでしょうか。専門書で調べてみました。ロバート・H・アーサーの *Majestic Light* という本にガッサンディー説とデカルト説に関して詳しい解説がありました。まず、ガッサンディー説は英国の科学者エドマンド・ハリーがフィロソフィカル・トランザクションという英国王立科学アカデミーの機関誌で紹介したというもの。フランスの哲学者で数学者のピエール・ガッサンディー（一五九二〜一六五五）が南仏に現れた光の舞いを見て、ローマ神話の暁の女神アウロラから取って名付けたというもの。もう一つはフランスの物理学者で最初の本格的なオーロラ本を出版した、ド・メランが支持するガリレオ説です。ガリレオ（一五六四〜一六四二）は一六〇七年十一月一七日に中央ヨーロッパに出現したオーロラを観察しています。このオーロラはケプラーも見たといわれており、当然両氏はオーロラの原因解明に意欲を燃やしたようです。ガリレオは太陽の反射光がオーロラの原因と考えており、真の原因究明には貢献していませんが、どうやらガリレオがオーロラの名付け親であるというのが現在主流の考え方のようです。ちなみにオーロラの研究家の赤祖俊一父先生は『オーロラ』（中央公論社）でガッサンディー説を支持されていますが、原書は確認されておられないと言うことでした。

◉ ピエール・ガッサンディー

◉ ローマ時代の壺に描かれた暁の女神アウロラ。

◉ ガリレオ・ガリレイ。

❺オーロラの袂がピンクに

● 霧氷の中で銀河鉄道が駆け上がるかのようでした。
撮影時：2007年1月　場所：ホワイトホース近郊

❻手前にカーテン状オーロラ

◉ 撮影地とともにこの光も世界遺産になるほど美しい夜でした。
撮影時：2005 年 9 月　場所：世界遺産クルアニ国立公園

❼赤いカーテン状オーロラ

◉オーロラの撮影を始めた頃はカーテンばかり追い求めていました。
撮影時：2001年1月　場所：ホワイトホース近郊

❽ポーラー・エクスプレス

◉ この光と場所からはポーラーエクスプレスを連想させてくれました。
撮影時：2008 年 4 月　場所：北極海

❾ホワイトホース上空のオーロラ

郵便はがき

料金受取人払郵便

京都北支店承認

5061

差出有効期間
平成23年10月
15日まで

切手をはらずに
お出し下さい

6038790

030

(受取人)
京都市北区上賀茂
岩ヶ垣内町89-7

青菁社 行

ご住所 〒	TEL
ご氏名(ふりがな) 男・女 才	
ご職業	ご購読の新聞・雑誌名
お買上げ書店名	

この本の発行は何でお知りになりましたか?
1.新聞(新聞名) 2.書店 3.雑誌(雑誌名)
4.内容見本 5.知人・先生にすすめられて 6.その他( )

愛読者カード

極光物語《オーロラ》

※小社出版物をお買上げ下さいまして有難うございました。
他にご希望商品がございましたらお近くの書店へお申し込み下さい。
書店がお近くにない場合はこのハガキからもご注文いただけます。
その場合は、別途送料(200円〜350円)を申し受けます。

書　　名	著　者	定価(税込み)	冊　数
雲物語	高橋真澄	2,310円	冊
虹物語	高橋真澄	2,310円	冊
Nature Mind Book 月	星河光佑	1,050円	冊
Nature Mind Book 雲	高橋真澄	1,050円	冊
Mini Book Heartの木	高橋真澄	819円	冊
Mini Book いつもみたい空	高橋真澄	819円	冊
写真集　AURORA	谷角　靖	1,680円	冊
写真集　太陽柱	高橋真澄	1,680円	冊
写真集　虹の風景	高橋真澄	1,680円	冊

上記商品は絶版(品切)の場合もありますのでご了承下さいませ。
インターネット上でも青菁社の情報を案内しています。
http://web.kyoto-inet.or.jp/org/s-s-s/
※お客様の個人情報は、当社内での参考資料、新刊の御案内、
お客様への御発送以外での使用はいたしません。

◉ 街中からだと街灯が明るすぎてオーバーになるので１００mほど歩き暗くなったところで撮影。
撮影時：2001 年 9 月　場所：ホワイトホース市内

❿北極のカーテン・オーロラ

◉ 白鳥が飛びたつよう。
撮影時：2008 年 4 月　場所：北極海

⓫ 舞い上がるグリーン

◉ 天女。
撮影時：２００９年２月　場所：ホワイトホース市内

【極光物語】その二　いろいろなオーロラ

オーロラの写真を見ると実に様々な形状になっています。私たちが見ているオーロラは楕円状のオーロラのうねるカーテンを、方様々な角度から眺めるのですから、その形は様々です。オーロラの下端は百キロメートルから上は五百キロメートルもあるので、中緯度の地域でも上部が見えるケースもあります。

ゆらゆら動き回るオーロラには「雲」のように出現する高度や形状で細かく分類することは難しそうです。

少し古い資料には「アーク」「バンド」「ドレープ」「コロナ」「ベール」「レイ（光線状）」「炎状」「分離」「脈動」「拡散」など様々な表現がありますが、最近では以下の三タイプに分類されています。英語の翻訳ですので、訳し方によって微妙な差がありますので、極力組み込んでおきます。

【カーテン状オーロラ】ディスクリート・オーロラ discrete aurora
（別名はっきりオーロラまたは分離オーロラ）

明るく、カラフルで形がはっきりしているオーロラで最も一般的に見られるオーロラです。

【脈動型オーロラ】パルセイティング・オーロラ pulsating aurora
（別名拡散・脈動オーロラ）

暗くぼんやりしたオーロラで、不規則な周期（〇・一〜二〇秒くらい）で明るさが変わります。暗闇に目を慣らさないと見えない程度の明るさです。

【拡散型オーロラ】ディヒューズ・オーロラ diffuse aurora
（別名ぼんやりオーロラまたは水素アーク・オーロラとか陽子アークとも呼ばれます）

暗くぼんやりしたオーロラで、不規則な周期で明るさが変わります。ぼんやりしていて形がはっきりしませんが、先の二つの型とは明確に異なります。

そのほかにカーテン状オーロラを下から見たコロナ・オーロラという呼び名がありますがこれは観察者の位置の問題なので分類には入れないようです。（コロナはラテン語やイタリア語で王冠を意味します。）

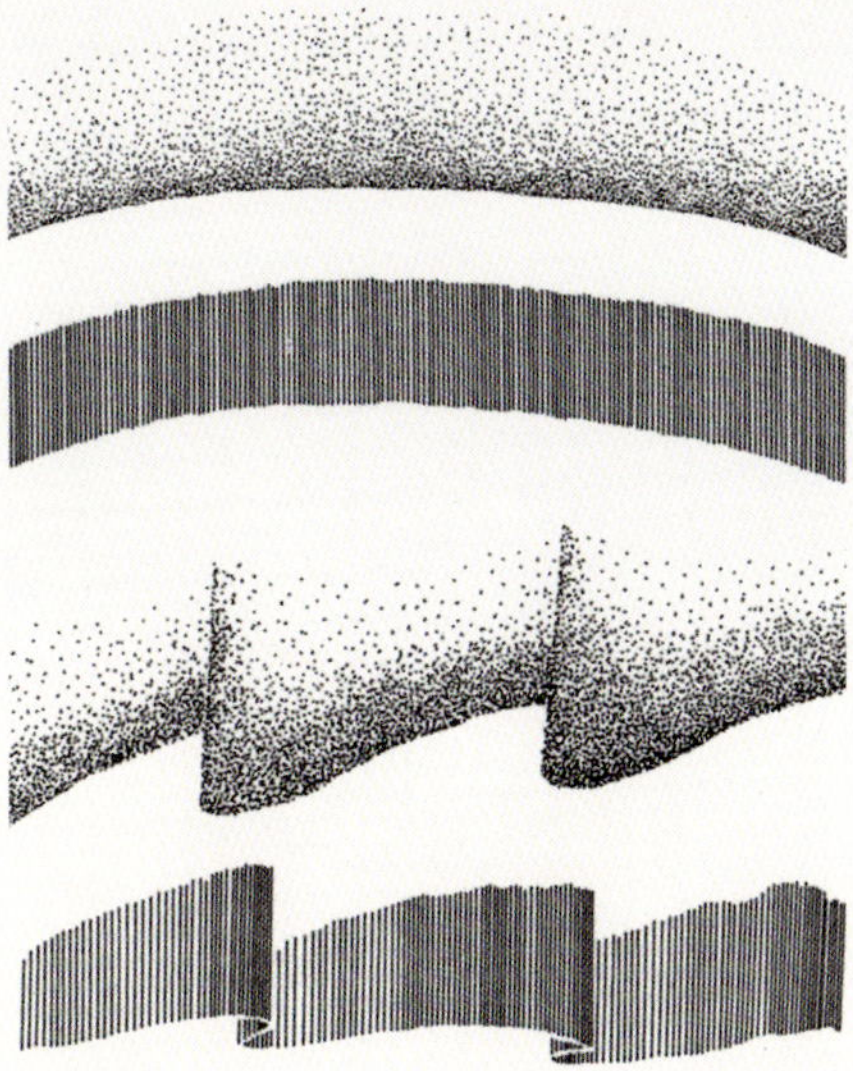

◉ 一般的なオーロラの形態

⓬ユーコン川に映えるオーロラ

◉このように水に映るオーロラは1年のうち夏の２ヶ月間だけです。
撮影時：2004 年 9 月　場所：ユーコン川

⓭光柱＋雲＋オーロラ

◉ 街から水蒸気の光柱、空には雲、背景にオーロラが出揃った珍しい光景でした。
撮影時：2009 年 1 月　場所：ホワイトホース市内

⑭ ベンチの上のオーロラ

◉ 親愛なる人との特等席。
撮影時：2008 年 9 月　場所：ドーソンシティ

【極光物語】その三

東洋の極光《オーロラ》物語

極光の観察記録は西洋に多く、様々な絵に描かれた記録も残されてます。そのためオーロラの話は、西洋中心に傾きがちですが、日本や中国の古典にもおそらくオーロラであろうと思われる光象が記録されています。

中国では古来天象の観測には関心が高く、気象現象の中でも特に「虹」や「極光」は政治的な変化を占うために注意深く観察されています。六世紀の中国ではすでに太陽風の存在を確認していました。それは彗星の尾が常に太陽と反対の方向を向いている現象を丁寧に観測した結果でした。この太陽風はいわゆる「気」を指すものでした。

日本における記録を探してみましょう。まず日本書紀における天武天皇十一年八月十一日の記録に「…丙寅《ひのえとらのひ》（五日）に、造法令殿《のりのふみつくるみあらか》の内《うち》に大きなる虹《ぬじ》有り。壬申《みずのえさるのひ》（十一日）に、物有りて、形、灌頂幡《くわんじやうのはた》の如くして、火の色あり。空に浮かびて北に流る。国毎《くにごと》に見ゆ。或いは曰《い》はく、『越海《こしのうみ》に入りぬ』といふ…」とあります。これはどうもオーロラの観測ではないかと言われています。もう一例紹介しましょう。享保十四年十二月二十八日（一七三〇年二月十五日）「…夜北西より北東まで横に赤気現ず。其色常の火色には非ず、焦色にして初更には薄く半夜には濃く五更に及び漸く減ず。……金沢よりは能州に当たるがゆえに大火ありと想う。然共東北の隅甚だ長く且紅色の中に星輝ける故に火災に非ざるを知る。…」この日は日本からヨーロッパにかけてオーロラが観測されたと言うことが各国の記録に残っているようです。

最後に小口高《おぐちたかし》先生の『神秘の光オーロラ』から中国の事例を引用しておきましょう。「古代中国におけるオーロラの記録は単なる記録にとどまらず、実にオーロラの分類にまで及んでいる。紀元前二世紀の史記天官書に既にオーロラの分類と思われる「炎に似た星」「天狗」「曲った矢」「曲がりくねった旗」などが現れてくるのだから驚きの他ない。漢書天文志における「天狗」は「形、大流星の如し。……これを望む火光、炎炎として天をつくが如し。その下丸く、……上鋭きものは則ち黄色。千里軍を破り将を殺す。」である。赤い光が燃え上がり、その中に上にのびた黄色の筋が見える。われわれが書くとしてもこれほど簡潔にこの種のオーロラの特性を記すのはむずかしいほどである。」ということです。つまり、中国では古代に既に吉凶を占うためにオーロラの形態の分類までされていたということです。

◉ 記号化されたオーロラ（中国）1652年

【オーロラの伝説】

おおよその文明は低緯度の温暖な地域に発生し、大半に太陽崇拝の傾向が見られます。しかし、オーロラの場合は、主に南北の高緯度地域に発生する現象ですので様子が異なり、なぜか霊的な伝承が多いようです。そういう意味ではオーロラは（原因の全く異なる）虹に似ているかもしれません。下の図はオーロラ・アークが蛇行する様子を蛇に見立てた珍しい版画です。

エスキモーの人々はオーロラを、死者の魂を楽園に導く松明《たいまつ》と考えるという言い伝えがあります。また、イヌイットの伝説では、神秘的なオーロラの彼方にあるものは祖先が楽しく集う浄土と考える。フィンランドのラップ人はオーロラは戦場で死んだ人々の魂であり、大空を血染めにして戦っている様子と見る。あるいはインディアンの言い伝えでは酋長の息子がオーロラの国から羽を広げた鷹に乗って降りてくるなどの言い伝えがあります。そのほか、オーロラは精霊たちのサッカー。精霊のための天の架け橋。オーロラに向かって手を振ったり口笛を吹くと天罰が下る。ベールをかぶらずオーロラの下を歩くと髪の毛をはぎ取られる。天を守る兵士の剣。ワルキューレの盾。また、低緯度の中国でオーロラが観測される場合は、主に真っ赤なオーロラが観測され、大災害の予兆であるとか、部下による謀反《むほん》の予兆等々、なぜか大方の伝承においてオーロラが崇拝の対象になっていないのは面白い傾向です。

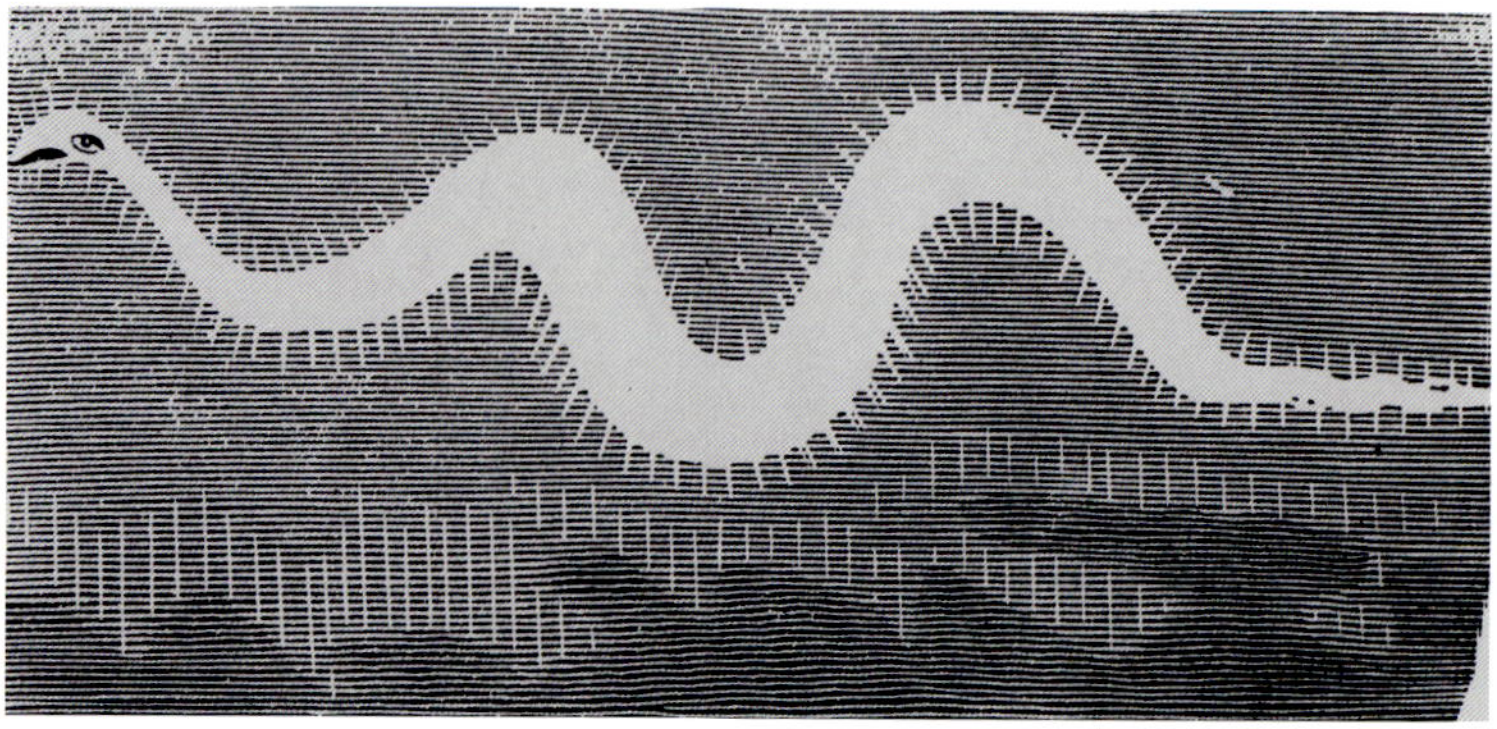

● **蛇に見立てられたオーロラ：** E.M. Hardie. *The Midnight Cry : Behold the Bridegroom Cometh.1883* より。

⑮ 天から降り注ぐ赤いオーロラ

◉ 地平線で霞のようだったオーロラは忽ち赤色を伴い頭上まで伸びてきました。
撮影時：2001 年 9 月　場所：ホワイトホース近郊

⑯大型のカーテン状オーロラ

◉ オーロラ舞踏会。
撮影時：2001 年 9 月　場所：ホワイトホース近郊

【コロナ・オーロラ】

オーロラの呼び名の中にしばしば登場するコロナ・オーロラというのはどのようなオーロラを指すのでしょうか。オーロラの分類については三十三頁の極光物語（その二）で説明していますが、その中にはコロナオーロラは含まれていません。下の図はド・メランの『北極光の物理学および歴史』の中の有名なコロナ・オーロラの挿絵です。太陽のコロナの観測はガリレオを始め、英国の天文学者エドマンド・ハリーなども詳細な挿絵を描いていますが、コロナ・オーロラとは全く関係ありません。確かにオーロラ・カーテンを真下から見ると原因が全く異なる現象同志が一見よく似た形状にみえます。これはオーロラの高さがおよそ千メートル程度を下端とし、上は五千メートル以上もあるので、下から見上げると図のように上端が焦点に近く、王冠状に見えるのです。アリストテレスはオーロラを天の割れ目と表現したり、英国の天文学者ハーシェルが（一七三八〜一八二二）一七九四年の『太陽および恒星の性質と構造』の中で「黒点〔Black Spot〕は太陽の不透明な地面または本体、…」と形容し、その後一八〇一年の論文では彼の説に基づいて、黒点がopening〔穴、開口〕と呼ばれるようになったのですが、この時点では太陽の黒点がオーロラの出現に直接関係しているという説は出されていませんでした。

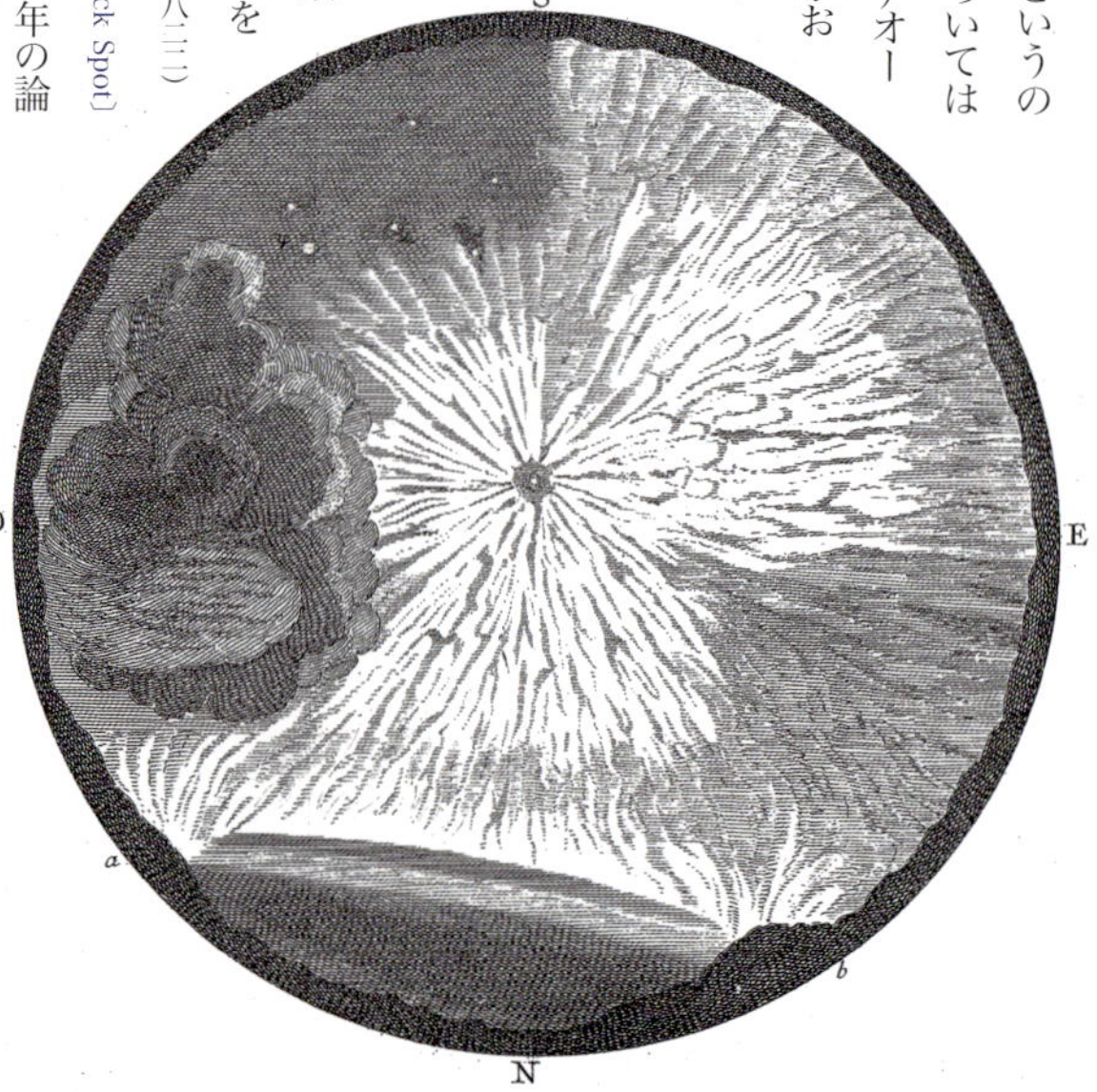

◉ レンズ画角114度を用い地上から自分の頭上を越える広範囲で真上から降り注ぐオーロラを撮影。
撮影時2009年3月　場所：凍結したマッケンジー川上

⑱ 緑のオーロラを仰ぎ見る

◉ 花火もハート型があるようにオーロラもハート型に見えることがあります。
撮影時：２００１年２月　場所：ホワイトホース近郊

◉ 放射。
撮影時：2001年3月 場所：ホワイトホース近郊

⑳ 竪琴のようなオーロラ

◉ オーロラの形に合わせて地平線も丸くなるよう魚眼レンズで撮影。
撮影時：2008 年 4 月　場所：トゥームストン州立公園

【極光物語】その四 宇宙からオーロラを見ると

オーロラは地球の極に円形で出現する現象です。ドイツの地理学者ムンケによって「オーロラ帯」と命名されたのは一八三三年です。左中段の図①と②はどちらもオーロラが王冠のように地球の極に出現するのではないかという十九世紀の想像図です。

その後の進展としてはルーミスとフリッツらの集計でオーロラ・オーバルの地図が作成されたことでしょう。

より精度の高い観測のために魚眼レンズを装着した全天候カメラが開発されました。これから定点カメラを多数動員して情報収集に移行します。これでも宇宙から見るオーロラに勝る物がありません。そこでカナダ＋米国の人工衛星アイシス2号（地上千四百キロメートルを周回）や米国の気象衛星DMSA衛星（地上八百キロメートルを周回）一〇機に搭載した光電管カメラからのデータをコンピュータ処理で集計することで、オーロラの形や動きの詳細が判明することになります。これでようやくオーロラの概要がつかめてきたのですが、まだあ映像で監視する情報収集にはかないません。

有人の人工衛星やスペースシャトルの時代になってようやくリアルなオーロラ像が見えてきます。スペースシャトルはオーロラの中を進む可能性のある高度を飛行しています。下の二枚の写真はスペースシャトルから撮影されたオーロラの写真です。スペースシャトルからの観察で二十世紀初期に想像された形状に近いオーロラリングがリアルに証明されたのです。手元のNASAの画像を探してみると、確かにスペースシャトルの背景にオーロラが写っている写真が六枚もありました。宇宙から見た地球にはオーロラは日常的な光景であることが分かります。

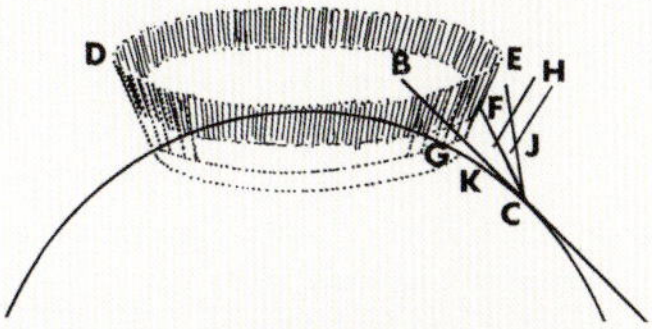

① クリストファー・ハンステーン（1827）

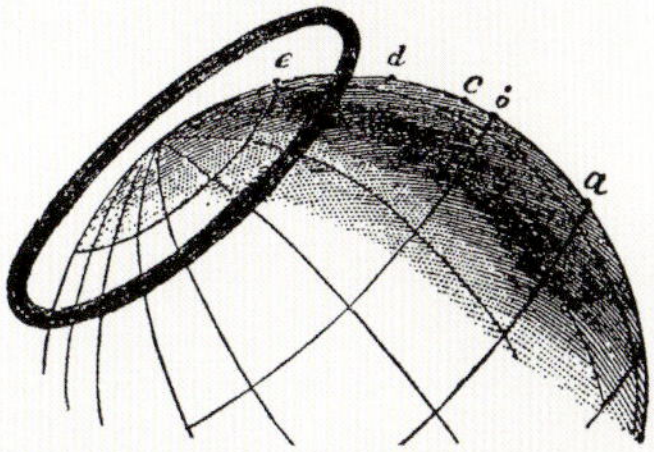

② ソーパス・トルムホルト（1885）

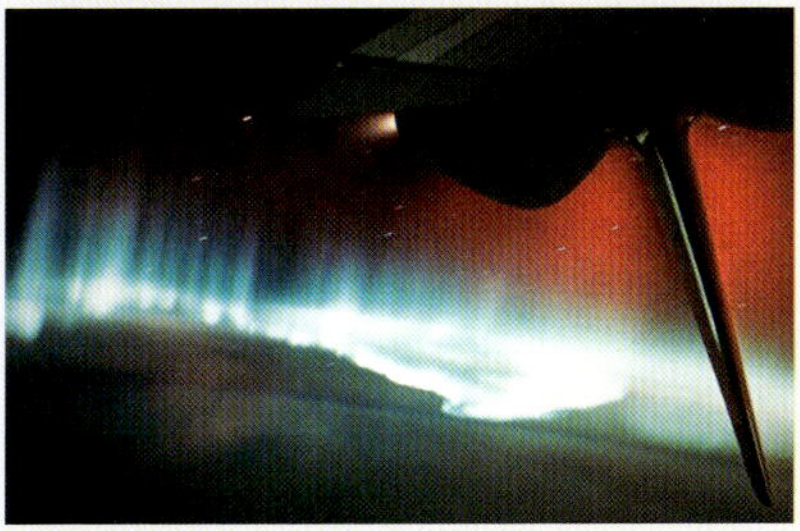
◉ スペースシャトルから見たオーロラ

◉ スペースシャトルから見た緑のオーロラ

㉑大型のカーテン状オーロラ

◉ 街は地平線より下の盆地にあるため雲に覆われ見えませんでしたが、街を離れると雲の上に出ていまし
撮影時：2007 年 3 月　場所：ホワイトホース近郊

㉒ コロナ・オーロラを仰ぎ見る

◉ 聖バレンタインの夜。
撮影時：2009 年2月14日　場所：ホワイトホース郊外

【ナンセンの見た虹の七色のオーロラ】

ノルウェーの動物学者で極地探検家のフリチョフ・ナンセン（一八六一〜一九三〇）は今にしてみれば無謀にも小さなフラム号という小型舟で一八九三年からおよそ三年にわたって、北極海を漂流し、無事生還しました。その様子は航海記で知ることができます。航海後に書かれた北極圏の探検史に関した *In Northern mists*（一九一一年刊）、に有名な自身で描いた、木版画入りの素晴らしい二刊本を刊行しています。ナンセンの版画はある意味では写真より効果的なインパクトを醸し出しています。ナンセンは探検中に遭遇した美しい極光《オーロラ》を見て何度も感動した記述を残しています。一八九三年十一月二十八日シベリア諸島北西で見たオーロラは「…私は何となく憂鬱な気分でデッキに上がった。この世のものとも思えない、たとえようもない美しいオーロラが虹の七色に染まって大空に輝いていた。これほど美しい色を今まで見たことがない。…」（『神秘の光オーロラ』小口高著）という形容は航海記の中でも最大級の讃辞となっています。

通常、極光は本来虹の七色は発光しないはずです。多分ナンセンが見た虹の七色のオーロラというのは、たまたま黄色・赤・紫・緑を含むオーロラで背景の空の青がを加えてほぼ七色の虹のように感じたのでしょう。

本書の写真を見ていただければお分かりになると思いますが、自然のオーロラが七色に見えることはきわめて稀なケースです。

◉ フリチョフ・ナンセン作 *The Northern Mists* の挿絵。

㉓北極の月とオーロラ

◉ 荒い北極海のイメージと異なりパステル調の空とオーロラを撮影。
撮影時：2008 年 4 月　場所：北極海

㉔オーロラのシャワー

◉ オーロラのレイだけを狙い撮影。
撮影時：2004 年 3 月　場所：ホワイトホース近郊

【極光物語】その五　昔の人々が考えたオーロラ

オーロラは主に高緯度の極地で見える光象です。過去三千年くらいの記録を調べると中緯度から低緯度の地域にも、多数のオーロラ出現の記録が残っています。ギリシアの哲学者アリストテレス（前三八四〜三二二）は『気象論』の中でオーロラは天の淵（割れ目）から吹き込む蒸発物であるという説明をしました。以下三人の重要な見解を引用してみましょう。「ところで、大気の澄んだ夜に、ときとして「淵」とか「穴」とか「血のような色」といったさまざまな光象が天球にできるのが見られる。…すなわち、上（月下界の上の方）にある（熱い）空気が凝縮してくると火がつき、そしてその燃焼が起こると、また或ときは炎が上がっているように見えるが、、また或ときは松明のようなものや星が動いているように見えることが知られたのである。そこで、この同じ空気が凝縮していってさまざまな色をとったとしても不思議ではない。すなわち、ひじょうに濃厚なものを通しては入ってくるかすかな光とそれを反射する空気とが様々な色を生み、とりわけ赤と菫とを生むのである。…中略…「淵」がなにか深いもの（溝）のように見えるのは、濃紺の、またはくろい空気を通して洩れてくる光がそれを作っているからである。しかし空気がいっそう濃くなってくると、しばしばそのような「淵」から「松明」が落ちてくる。もちろん空気の凝縮が続くうちは「淵」がまだ見られる。一般に、白（輝いた色）が黒の中にあるとき、さまざまの色が現れる。これはたとえば炎が煙の中にあるときに起こる。しかし昼間は太陽の光によって妨げられるし、また夜は暗いので赤以外の色は目に見えないのである。…」『アリストテレス全集5・気象論　宇宙論』岩波書店より。

この部分は夜光雲の解説という意見もありますが、私は明らかにオーロラの解説だと思います。

またローマのセネカ（前三〜六五）は**（火や炎をあげる大気現象）**の項目で「時にはじっと動かず長くとどまっている物もあるし、また時にはぐるぐる回りながら過ぎてゆく物もある。それらには沢山の種類が見られる。たとえば、「穴」が生ずる。それは、これを取り巻く「コロナ」の内部に、あたかも天空の巨大な窪みのごとき、言わば円の中に掘られた凹みのごときものが生ずるときの現象である。また、「桶《おけ》」が生ずる。それは、途方もなく大きく丸い、ちょうど樽のような形をした多量の火が急いで通り過ぎるか、あるいは一箇所で炎を立てるときの現象である。また、「淵」も生ずる。それは、天空の或る場所が留まったままでいて、あたかも隠れ場所に向かってあくびでもするように、炎を差し向けるときの現象である。」『自然研究（全）』東海大学出版より

大プリニウスもオーロラらしき現象に関して触れています。**二十六空の裂け目**では「…空そのものに裂け目が生ずることがあり、これはカスマ〈裂け目〉と呼ばれる。」また、**二十七空の色と焔**では「それからまた血のように見えるものや、地上へ落下する火がある。これは人類にとって最大の不安と恐怖をかきたてられるものだ。…」『プリニウスの博物誌　第一巻』雄山閣出版より

アリストテレスの知的支配が続く十八世紀頃までは新しい言説はほとんど見かけません。次ページの「描かれたオーロラは」主に十五世紀から十八世紀にかけて瓦版や研究書に挿入されたオーロラの挿絵です。

描かれたオーロラ

◉ 1560年にドイツのバンベルク上空に現れたオーロラは甲冑に身を固め、剣を振り回す兵士として描かれています。

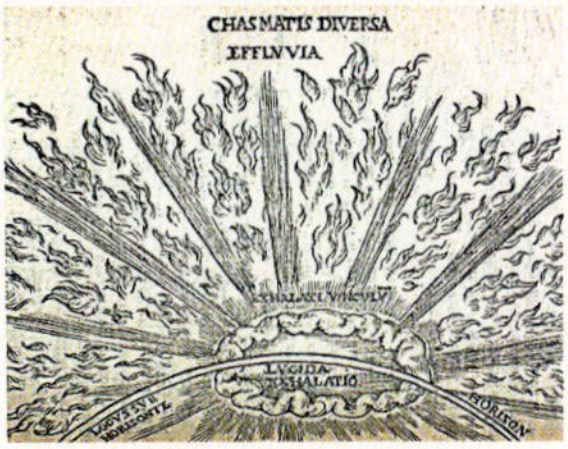

◉ コーネリアス・ゲンマの『自然神の諸特徴について』1575年より：オーロラのアリストテレス説を図解した挿絵。オーロラの裂け目（カスマティス）から火のような蒸気が噴き出しています。

◉ **コニャックでオーロラの原理再現？：** サミュエル・フォン・トリュエヴァルドは1740年代にコニャックから立ち上る蒸気に屈折光を当てて虹の原理もどきの説明で、オーロラを再現して見せました。

◉ 1591年ドイツのニュールンベルグで観察されたオーロラ。オーロラを天空の火事に見立てて描いています。

◉ ド・メランの『オーロラ・ボーリアリスの物理的、歴史的概論』に掲載されたオーロラの描写、1733年。

◉ 1681年にドナウ川河畔のプレスブルグで観察された流星とオーロラを描いた版画。

◉ 1745年にコペンハーゲンで出版された北極光の科学的スケッチより。

㉕夜明けのオーロラ

◉ 右からの月明かりに照らされた雲、左からの朝焼けに囲まれてオーロラが現れました。
撮影時：2009年8月　場所：レイクラバージ

㉖三色のオーロラ

◉オーロラがオーケストラの指揮をとっているようでした。
撮影時：2008 年 3 月　撮影場所：地名ナシ　ユーコン準州内

【極光物語】その六　オーロラの謎解きの物語　その①

ギリシアやローマの思弁的な気象学ではなく、本格的なオーロラ解明への気運が芽吹くのはガリレオ、ガッサンディー、デカルトの時代です。先にも書きましたが、高緯度の発光現象に初めてオーロラという名前を用いたのはガリレオとされています。ガリレオはオーロラは北極光を「蒸気をたっぷり含んだ空気」と考え、その空気が昇華し、地球の影を超えた最上部が日光に当たり反射すると考えました。

デカルト（一五九六～一六五〇）は虹に関しては古典的でもまともな解析を行いましたが、「第七講　嵐について、雷について、また大気中に起こる他の全ての火について」の中でおそらくオーロラについて書いたであろうと思われる、以下のような三種の原因を列挙しています。「**第一の原因**は「大気中には兵士たちとも見えるほど小さな雲がいくつもあり、それらは次々と重なり合って落ちて蒸発物を包み込み、そのため多くの小さい稲妻を起こし、小さい火を投げ、またおそらく小さな音を立て、そのためにこれらの兵士たちが戦っているように見えるのである。**第二の原因**は…すなわち大気中に同様の雲があるが、それらは重なり合って落ちるかわりに、どこかほかの遠いところで起こり、そこからは見えない大風の火や稲妻の火を受けるのである。…**第三の原因**は、これらの雲、またはこれらの雲に光を与えるさらに北方のいくつかの雲が、非常に高くにあるため、太陽の光線がそれらにまで達することである。…」（『デカルト著作集I・方法序説（気象学）』、白水社刊より）

といった具合で、デカルトは当時の風説に自分の見解を少し加えた程度で、オーロラに関すると思われる現象の説明を終えています。

まともな研究を開始したのはニュートンの良き理解者のエドマンド・ハリー（一六五〇～一七四二）でした。ハリーは一七一六年の三月にロンドンで偶然オーロラのショーを見ました。これがマウンダー極小期というオーロラの出現の少ない期間の終りを示すオーロラでした。待望のオーロラを見たハリーは大いに喜んだといわれています。ハリーは英国海軍の依頼で磁気マップの作成に参加していますのでオーロラに関する関心は人一倍持っていたのでしょう。彼は地球の回転軸と地磁気の軸が一致しない磁気偏差を調査していました。そこから、地球はもしかしたら二つの球が入れ子になった中空の殻かもしれないという、一種の地球空洞説を考えました。そしてこの空洞の中で人が住んでいるかもしれない、そうだとすれば光がなければならないので、発光性の媒質があるはずだ、この発光性の媒質が時たま地球の外殻を突き破って噴出するのが、北極光だとしても何の不都合があるだろうか？と考えたそうです。もちろん本人もこの案に皆が賛同するとは考えていませんでした。この他に別案も考えました。それはギルバートが百年前に考案した、地球自体が大きな磁石であることを『磁石』で示したことを思い起こし、オーロラの原因は未知の原因が重なって起こっているのではないかという示唆をするにとどまりました。本人は著書の中に詳細な太陽のコロナの観察図を掲載していますが、まさか太陽のコロナがその原因だとは気づきませんでした。

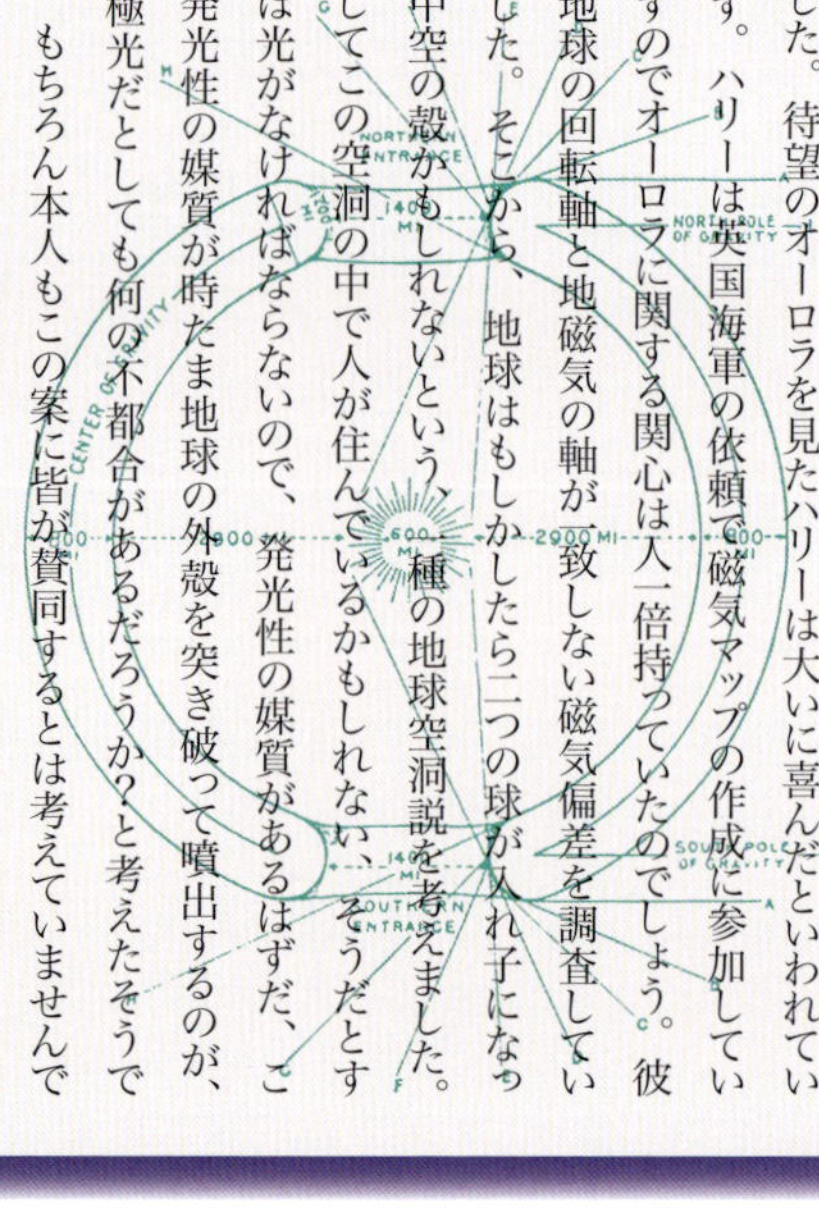

また、スウェーデンのウーローヴ・ヒオッテルという観測者が極光は間違いなく磁針の無機の乱れに関係していることを確認し

ました。
その後ドルトン（一七六六〜一八四四）が極光についての論文を書いていることを思い出しました。ドルトンはニュートンの光学ばりの極光論を書いています。この中に数葉の説明図を入れていますが、虹の幾何学的なフォーメーションのような古典的な手法でした。この中でオーロラの赤い色の成因として鉄の赤褐色をあげ、オーロラの原因が地磁気であることと組み合わせましたが、この理論はさっぱり評価されませんでした。

私が興味を持ったのはオーロラの本格的な本を初めて書いたフランスの物理学ジャン・ジャック・ドールトウ・ド・メランの『オーロラ・ボーリアリスの物理的、歴史的概論』一七三三年、ド・メランはオーロラの成因は地球の蒸気に類する原因説で説明すべきではないと考え、その原因を太陽に求めました。彼はオーロラと太陽の黄道光は太陽からの希薄の流体が原因ではないかと考えました。『オーロラ・ボーリアリスの物理的、歴史的概論』は何版も重ねて印刷され三百頁もある美しい本で、多数のエッチングの図解が挿入されています。（左上図参照）この本はまともな本ですが、本人が一番評価してもらいたかったハリーからは無視されたことを本人は嘆いていたといわれています。さらに不運なことに、たまたまこの時期に米国の政治家で、科学者でフランス大使を務めたベンジャミン・フランクリンが、フランス科学アカデミーに提出したオーロラの原因説に関する論文の中で、オーロラは一種の放電現象であると説明しました。放電現象説はフランクリンの知名度のせいもあり、喝采で迎えられました。この話にはド・メランは激怒したと言います。このように十八世紀にはまだオーロラはギリシア以来アリストテレスの影響下にあり、ド・メランの発見は十九世紀に引き継がれます。この話は大幅に圧縮していますがこの項目に関する範囲でも少し詳しく書くと、分厚い本が一冊書けるくらいの物語が含まれているのです。ここの続きはその❷に続きます。

◉ フランスの物理学者ド・メランが 1733 年に著した『北極光の物理学および歴史』に掲載したこの版画はこの写真のような光景なのだろうか。

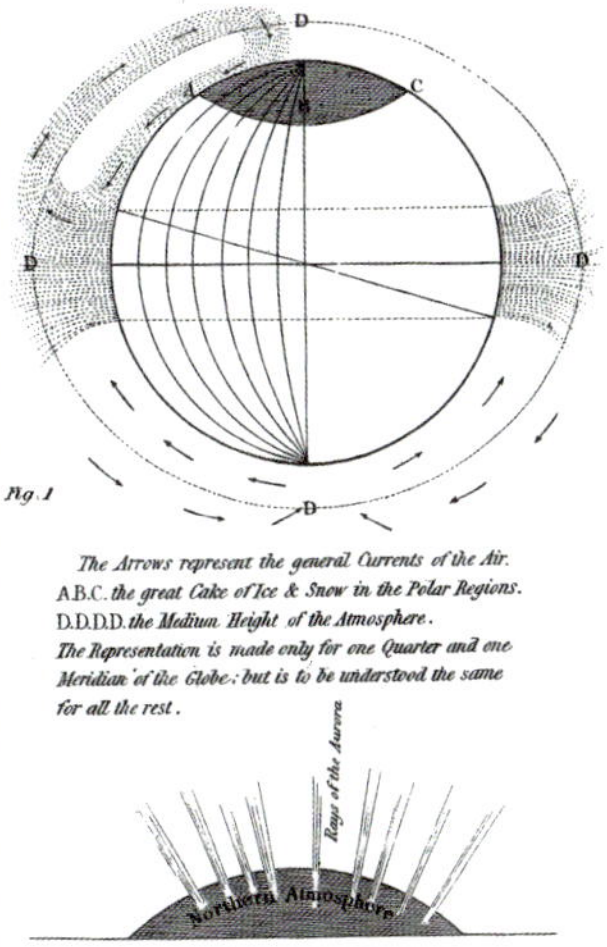

◉ フランクリンがフランスの科学アカデミーに提出した論文の中にオーロラの原因説に関するダイアグラムが挿入されています。（上）は電流は氷と雪が作る湖で妨げられ、強制的に大気中を流れた電流はオーロラとして目に見えるようになります。（下）は地球から放射状に発散されている様子の説明です。

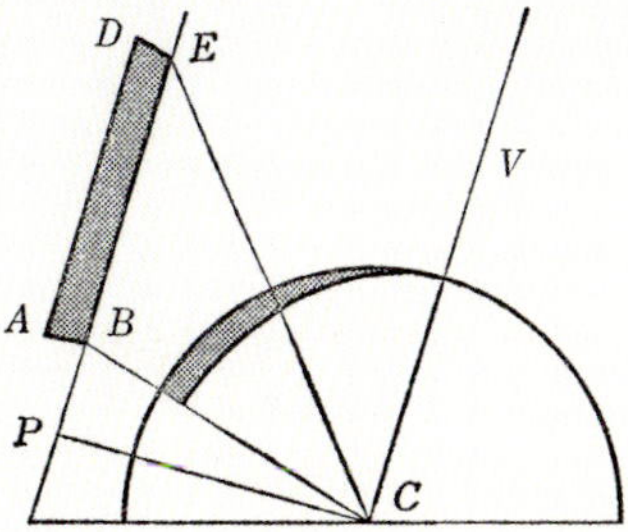

◉ ドルトンのオーロラの説明図。

㉗緑のカーテンの中に紫が

●極北にもかぐや姫が舞い降りてくるようでした。
撮影時：２００６年２月　場所：ホワイトホース市内

㉘エメラルドのオーロラと青空の混色

◉ 夜明け前、淡い空の中オーロラは見渡す限り一面に広がっていました。
撮影時：2008 年 4 月　場所：トゥームストン州立公園

㉙ オーロラの渦

◉ 渦を巻くように回り続けていました。
撮影時：2001 年 9 月　場所：ホワイトホース近郊

❸⓪ 山の彼方のカーテン

◉ 満月の光を利用し山景色を入れて撮影。
撮影時：2008 年2月　場所：カークロス近郊

【極光物語】その七　オーロラの謎解きの物語　その❷

謎解きの先を続けましょう。十八～十九世紀には決定的な根拠がないので多少大げさに言うと、学者の数だけのオーロラの原因説が存在しました。ようやく十九世紀後半から、オーロラは電気や磁力に起因するのではないかと気づいた学者が登場します。その❶で紹介しましたベンジャミン・フランクリンがオーロラを放電現象で説明したのは脱線ですが、放電説はその後もフインランドのレムシュトロェーム（一八九二～一九六五）のように絶縁した球の上に放電管を並べた実験装置（次ページ中段）を用いて、オーロラは上層大気での放電現象であるという説もありました。

オーロラの理解のためには、アリストテレスが「月下界」と呼んだ範囲より遙かに地球に近い現在の電離層の役割が解明される必要がありました。この電離層が発見されたのはマルコニーが発明した電信と大いに関係があります。氷河に衝突して沈没したタイタニック号は当時最新鋭のマルコニーの電信機を搭載しており、救難信号を発信したため遅くはなりましたが、救助船が向かうことができました。しかしマルコニー自身もなぜ地球の裏側にまで無線が届くのかその原理を完全に理解していたわけではありません。

このころ、英国で偏屈な天才科学者オリバー・ヘヴィサイド（一八五〇～一九二五）という数学者が地上の遙か高層に電波を反射する（通称ケネリー＝ヘヴィサイド層）の存在を予測しました。このヘヴィサイドの予測は同じく英国の学者エドワード・ヴィクター・アップルトン（一八九二～一九六五）の実験によって電離層の機能として、電波を反射する機能やその高度が解明され始めました。

雲の発生する高度より遙かに高い電離層より上の領域の働きは地球物理学として研究が進みましたが、このジャンルの研究は二〇世紀に入ってから本格的に進展した学問です。アインシュタインの特殊相対性理論によって光の真の姿が示されたのは一九〇五年ですので、本格的なオーロラの理論は二十世紀前半に本格的にスタートします。

ソビエトの人工衛星スプートニク一号の打ち上げ成功を追って、打ち上げられた米国の人工衛星エクスプローラー一号（一九五八年）は、ナチスドイツ下V２でロケット開発に携わったフォン・ブラウン博士によって主導されていましたが、もう一人米国の天才学者ジェームズ・ヴァン・アレン（一九一四～二〇〇六）という重要な科学者が参加しています。ヴァン・アレンはヘヴィサイドが予測した電離層が太陽に関係しており、オーロラにも関係しているのではないかと予測しました。

一方、オーロラの解明の最後の扉を開けたスエーデンの物理学者ビルケランド（一八六七～一九一七）の研究と、北極探検を見てみましょう。ビルケランドは一八九八年九月九日にオーロラがロンドンやパリで確認できた直前に太陽の黒点が現れ、しかも活発に活動していることを確認し、オーロラは太陽から流れ込む電子が原因で起こると確信しました。ビルケランドは持論を証明するために研究室内に（人工太陽を模した）光る電極から電子の光線を発生させ、他に内部に電磁石を埋め込んだ地球の模型《テレラヘルゾーフ》を配置しました。この実験は中を真空にする必要がありますので、五センチほどのガラスの容器に囲まれていました。ビルケランドが地球《テレラ》の磁気を強めると、模型の太陽から発した電子が地球《テレラ》の極に向かってカーブし、南極と北極へ向かって動きながら淡い紫色に光ったのです。実験は見事にビルケランドが予測した通りの結果になりました。この実験装置は紛れもなくオーロラの原理を説明するに十分でしたが、ビルケランドは実験の成功だけでは満足せずなんと、自らオーロラを近くで直に観測し、確かめたいと考え、ノルウェー北部に無謀な探検に出かけたのです。初回の失敗にもめげず複数のオーロラ観測所を設け活動するうちに、世界中から観測データが彼の元に送られてくるようになり、肉眼では見られなかったオーロラの軌跡をデータの集積で確認できるようになりました。

ビルケランドはノーベル化学賞に四回、同じく物理学賞に四回ノミネートされましたが、残念ながら、五十才の誕生日の直前（一九一七年六月一五日）黄道光の調査でエジプトから帰国する際に立ち寄った、上野精養軒の付属ホテルの一室で、訪問した田中館愛橘《あいきつ》によって死亡しているビルケランドが発見されました。睡眠薬の過剰摂取が原因だったようです。この件に関しては寺田寅彦の随筆『B教授の死』で読むことができます。ビルケランドはこの事故がなかったら間違いなくノーベル賞を取っていたはずであるし、五十才は若すぎる死でした。

ビルケランド以降にも多くの研究が続けられています、このようにオーロラの本格的な解明の開始以降、まだ百年前後しか歴史がないのです。現在、世界中の研究者の手でオーロラの仕組みは解明されつつありますが、太陽の活動を含む宇宙の真理探究はまだまだ謎だらけの分野です。

誌面の都合で駆け足でオーロラの謎解きの物語を見てきました。ビルケランド以降は急速に地球物理学の専門的な世界に入ります。写真集の解説の領域を超えてしまいますので、ご興味のある方は各自巻末の資料で専門書をお調べください。

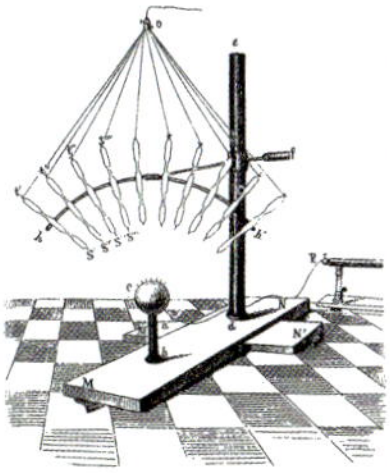

◉上右図：レムシュトロェームの考案した実験装置。◉上左図：ビルケランド。
◉下図：ビルケランドの考案した実験装置。

㉛オーロラの上部が紫

◉ 曇りの夜もあきらめずに外で待機すると背後では現れている事があります。
撮影時：2002 年 2 月　場所：ホワイトホース市内

◉ 北極星を中心に星の軌跡とともに撮影。
撮影時：2009 年 2 月　場所：ホワイトホース市内

㊲天の川＋オーロラ

● 天の川と雲とオーロラという天象現象を撮影。
撮影時：2009 年 1 月　場所：ホワイトホース近郊

極光《オーロラ》の雑学

COLUMN

オーロラの音のミステリー

オーロラは電子がぶつかり合う現象なので何らかの音が聞こえてもおかしくないのではないかという話題があります。デカルトの説明の中の「小さな音」をはじめ、他にもイヌイットが聞いた「シュッシュ」とか「バリバリ」などオーロラの音を聞いたという人も数多くいるようですが、今日まで科学的に検証された事例は無いようです。少なくとも八〇から百キロメートルも上空のオーロラの音が地上でその動きにシンクロした音を聞くというのは理論的にも無理そうです。従って今のところオーロラには音は出さないというのが定説のようです。もし、科学的に証明できれば科学的大発見になります。

オーロラと地球空洞説

「地球空洞説」というものはご存じだろうか。地球の両極地の探検が進んでいない時代には、フィクションではなく、まじめに地球の両極には地底につながる穴があり、その穴はお互いにつながっているのではないか?と考えた学者も数多くいます。オーロラはその穴から吹き出す蒸気のような物ではないかという説がありました。先に紹介したエドマンド・ハリーのような大科学者がまじめにオーロラの原因探求から、地球空洞説を発想し、地底人や地底の太陽まで試案したのです。

彼は地球の回転軸と地磁気の軸が一致しない磁気偏差を調査していました。そこから地球はもしかしたら二つの球が入れ子になった中空の殻かもしれないという、一種の地球空洞説を考えました。そしてこの空洞の中で人が住んでいるかもしれない、そうだとすれば光がなければならないので、発光性の媒質があるはずだ!この発光性の媒質が時たま地球の外殻を突き破って噴出するのが北極光だとしても何の不都合があるだろうか?と考えたのです。もちろん本人もこの案に皆が賛同するとは考えていませんでした。ジュール・ベルヌはここから『地底探検』のヒントをいただいたのかもしれませんね。

オーロラと健康の関係?

光に癒し効果があることは、歴史上たびたび取りざたされてきました。もちろん太陽光と生物の基本的な関係は否定する理由もありませんが、異端の科学者と呼ばれたエドウィン・D・バビット博士（一八二八～一九〇五）の「光と色彩の原理」*The Principles of Light and Color*（一八七八年刊）という本は、カラー・セラピーの原典と称され、マニア垂涎の書とも言われています。

本書の中にバロン・フォン・ライヘンバッハというオーストリアの化学者が発見した「オド光」（人を暗闇の中に一～数時間放置すると、物体からオーロラのような美しい光が見えるようになる現象）を紹介し、この個人差のあるオド感知能力に導かれ、様々な色による治療を開始し、一八八八年には

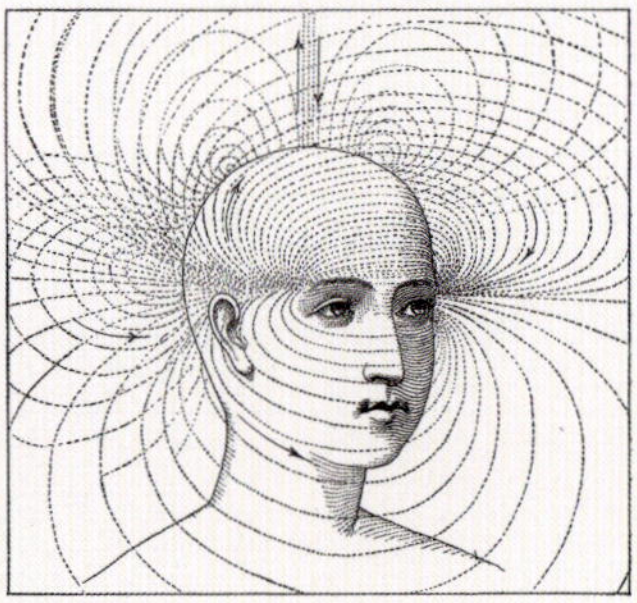

ニューヨークにカラー・セラピーのためのマグネティクス大学まで設立しました。このあやしい大学は六年ほど活動したようです。その後一九六三年に地磁気と健康の関係を指摘したのは有名な科学誌の「ネイチャー」誌でした。さらにその十年後一九七十年代に入ってロシアの医学研究者によって、活発なオーロラが発生する状況下では治療効果とは逆の心臓発作や心臓疾患が増加するという、研究結果の発表がありましたが、この見解は未だ証左されていません。

地球以外のオーロラ

オーロラは地球固有の現象ではありません。太陽のコロナから放出された太陽風は太陽系の惑星へ向けて四方八方に吹き抜けています。そこで地球のように「磁場」を持ち、なんらかの「大気」があれば地球と同様にオーロラが見られるはずと予測されていました。可能性のある星はまず水星ですが、水星には大気がありませんので水星にはオーロラは見られません。次に木星ですが、木星には地球の一万倍以上の磁場があり、しかも大気がありますのでハッブル宇宙望遠鏡で木星のオーロラが確認されています。では土星はどうでしょうか？興味津々ですね。土星もハッブル宇宙望遠鏡の紫外線カメラで土星のオーロラ撮影に成功しています。そうするともっと外側を見て見たくなりますね。ここから先はボイジャー二号からの観測で判明したことですが、天王星と海王星にもオーロラが観測できました。面白いのは天王星のオーロラは赤道付近に出現するのです。この原因は地球にも見られることですが自転の軸が磁場の軸の角度がずれていることに起因しますが、地球が五度であるのに対して、天王星では何と六十度もずれていますので、オーロラが赤道近くに見られるのだそうです。冥王星に関しては確認されていません。

黄道光とオーロラ

先に登場したフランスの科学者ド・メランは日没や日の出直前に地平線付近に見られる輝きである黄道光はオーロラの原因と同根で、太陽からの何らかの流出物が原因と考えていました。ド・メランの発想は太陽からの流出物を想定したという意味で水蒸気説などに比べ一歩前進していたと言えます。

オーロラの生中継

オーロラの観察は厳寒の中で行われますので、長時間の観察はとても厳しい作業になります。そこで全天候カメラという魚眼レンズをはめ込んだカメラが開発されました。本来研究用に開発されたものですが、最近では民間のサービスで気軽にインターネット経由で見られるようになりました。オーロラが出る時期になるとメールで知らせてもらうことができます。もちろん無償のサービスです。

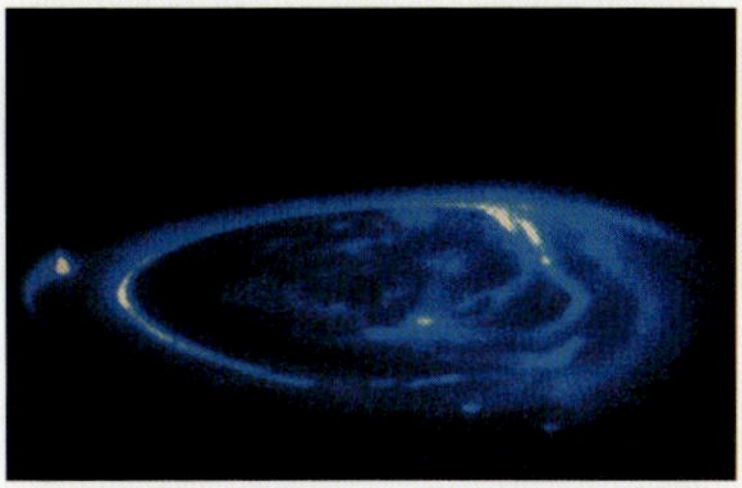

◉ ハッブル宇宙望遠鏡で撮影された木星のオーロラ。(1998 年) 木星の 3 個の衛星からの荷電粒子が影響しています。

◉ 黄道光（ZODIACAL LIGHT）のイメージ。

㉞山の彼方まで続くオーロラのベルト

◉ 時にはこのように整列して現れることもあります。
撮影時：2005年2月　場所：カークロス近郊

極光《オーロラ》と色の不思議

極光鑑賞の楽しみはなんといってもその動きと美しい色彩にあります。極光の色は白っぽい緑が中心ですが、オーロラの色は太陽から飛来する荷電粒子の大小と、発光する高度が関係します。

㉟ オーロラと青の世界

◉ 淡青の空とオーロラは太陽が沈んで間もない頃だけ見る事ができる大切にしたい瞬間。
撮影時：2007 年 4 月　場所：トゥームストン州立公園

㉟ 日没とオーロラの貴重な瞬間

◉ 北極独特の永久凍土が隆起した地形であるピンゴを写すため夕刻に撮影。
撮影時：2009 年 3 月　場所：北極海

㊲淡い紫色のオーロラ

◉ 紫電
撮影時：2006 年 12 月　場所：ホワイトホース市内

COLUMN 極光《オーロラ》の科学

オーロラは地球の両極の夜間に見られ、色と動きに特徴のある自然現象です。太陽の活動が活発になると太陽表面に黒点が現れ、その付近から太陽フレアーが発生します。フレアーが発生すると、惑星間空間に放出される高エネルギーの荷電粒子が太陽風となり地球に到達し、デリンジャー現象、磁気嵐、オーロラなどを発生させます。太陽風はきわめて高温の電離した粒子（プラズマ）で約二日間で地球の磁気圏に到達します。これらは地球の磁場にとらえられた粒子で形成されたヴァン・アレン帯にガードされて大気圏には届きません。このような知識は高校までの教育課程からみなさん習っているはずです。

オーロラを支える巨大な発電機

オーロラは虹のように気まぐれに観測される現象ではありません。四六時中地球の両極に存在します。つまり、太陽が輝いているうちはその光にかき消されて見えないだけです。オーロラの物理過程はテレビの物理過程とよく似ています、となるとこの巨大なディスプレイを支えるエネルギー源はどこから来るのでしょうか。

地球の周囲にはヴァン・アレン帯を含む巨大な磁気圏を形成しています（下図参照）。この磁気圏に吹き付ける太陽風は太陽磁場を持っていますので、地球の磁気圏との境界面で局地から出ている磁力線と太陽風の磁力線が結合します。すこし難しい話ですが、この磁力線のつなぎ替えを専門用語では「磁気リコネクション」と呼んでいます。電動体の太陽風がこの結合した磁力線を横切る際に電気が生まれます。この電力は一〇億キロワットというアメリカの消費電力のほぼ一年分に相当するほどの巨大な電力を発電し続けています。（詳細は巻末の参考図書でお調べください）

大気の組成がオーロラの色の元になる

オーロラには様々な色があるといっても虹のように全ての色があるわけではありません。オーロラの色は太陽から飛来する荷電粒子（主に電子）と地球の大気の中の分子や原子が異なることによ

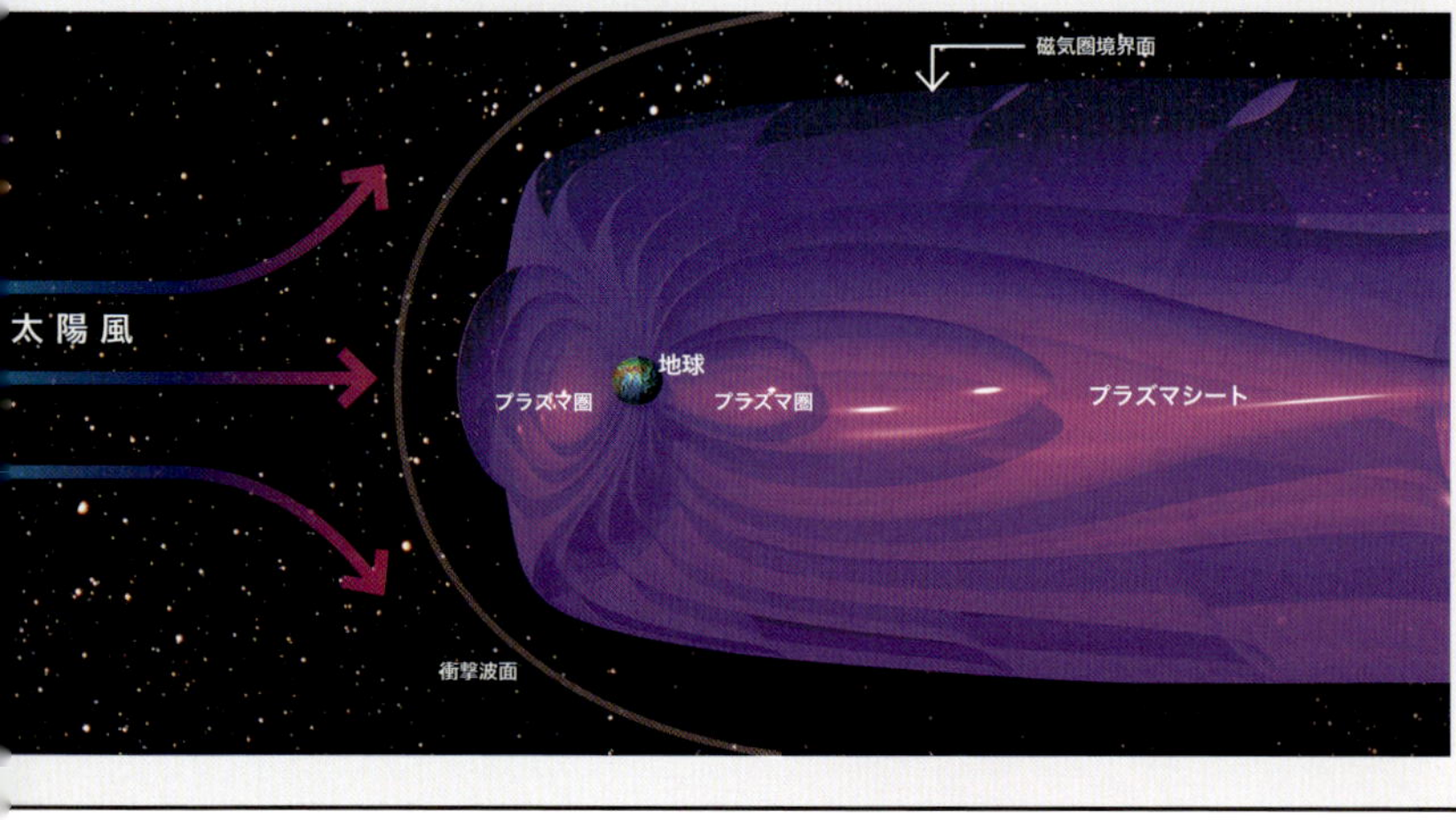

ります。ヴァン・アレン帯にぶつかった太陽風の一部が複雑な過程でプラズマシートと呼ばれる領域に蓄積し、このプラズマ粒子が電離層に向けて高速で降下、大気中の酸素や窒素などの粒子と衝突する際に様々な色を発光します。

地球の大気圏は下から対流圏、成層圏、中間圏、熱圏（電離層）に分かれます。電離層は地上八〇〜五〇〇キロメートルになります。電離層は更に下からD層、E層、F層に分かれており、オーロラはこの電離層の百キロメートルより上つまりE層とF層に出現します。

オーロラ発光の元は酸素原子、酸素分子、窒素分子です。これらの粒子に非常に大きな運動エネルギーを持つ太陽からの荷電粒子が衝突すると、粒子の中のエネルギーレベルが高くなります。この不安定な状態はやがてエネルギーレベルの低い安定した状態に戻りますが、その際、余分なエネルギーを光子として放出します。この光子の放出が光となり発光するのです。オーロラの色の違いは、先に挙げました酸素原子、窒素分子、窒素分子イオンなど衝突する粒子の種類によって異なる色を発色します。赤と緑は酸素原子によるもので、ピンク色は窒素分子、紫は窒素分子イオンによるものです。大半のオーロラは緑色になります。オーロラの色は数色しかありませんが、背景の空、時間帯、太陽光など様々な条件が重なると虹色のようなイメージが展開する可能性もあるのです。

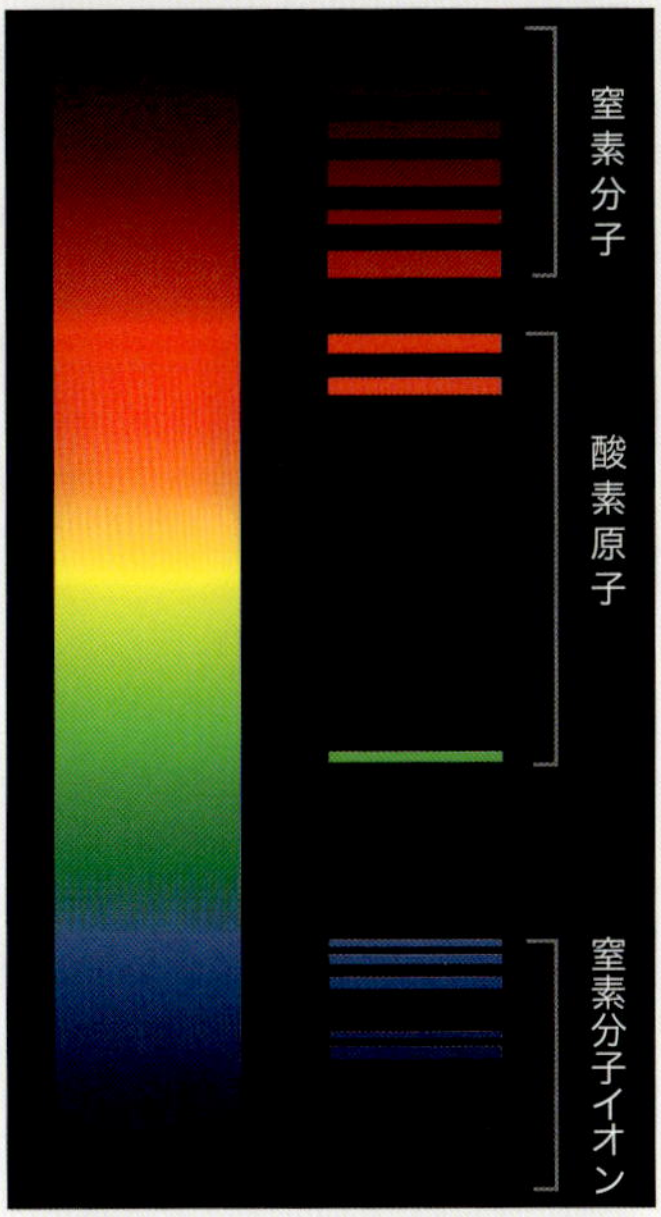

◉ 1868年ノルウェーの物理学者オングストロームはオーロラのスペクトルの分光を行い、オーロラが特定の色しか持たないことを発見しました。上の左図は太陽光の連続スペクトル。右図はオーロラのスペクトル分布です。
◉ 下図はオーロラの現れる高さと他の高層現象の比較図。

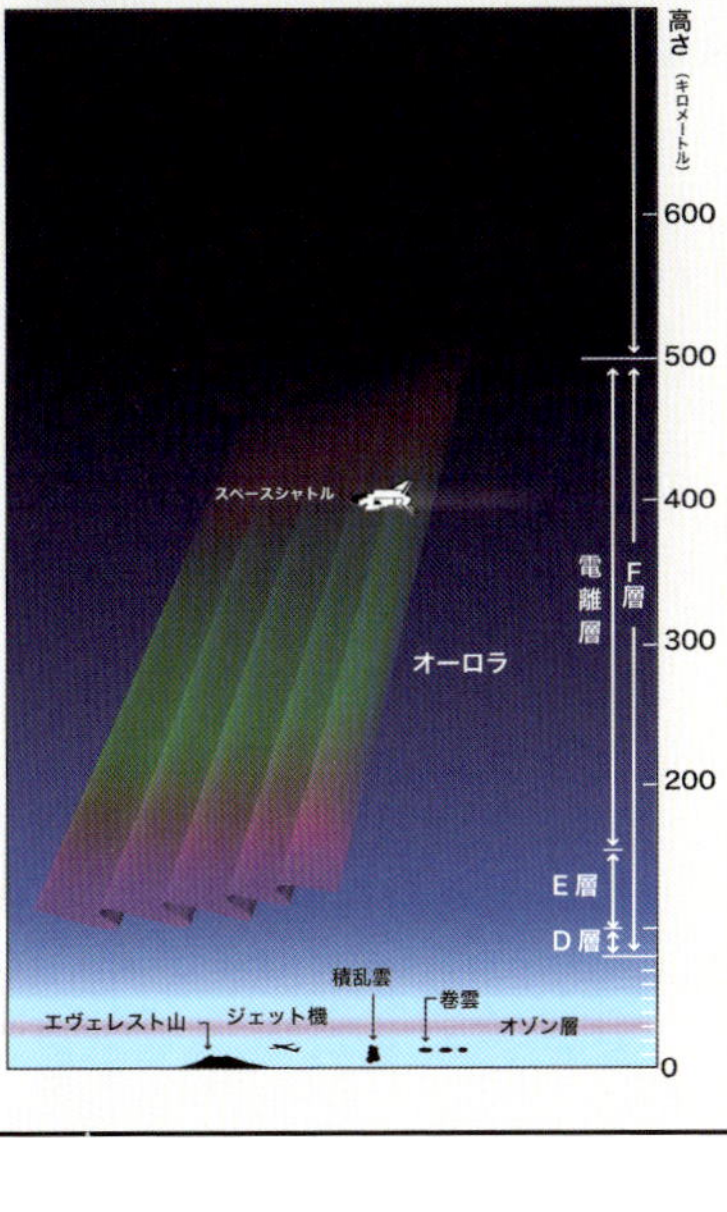

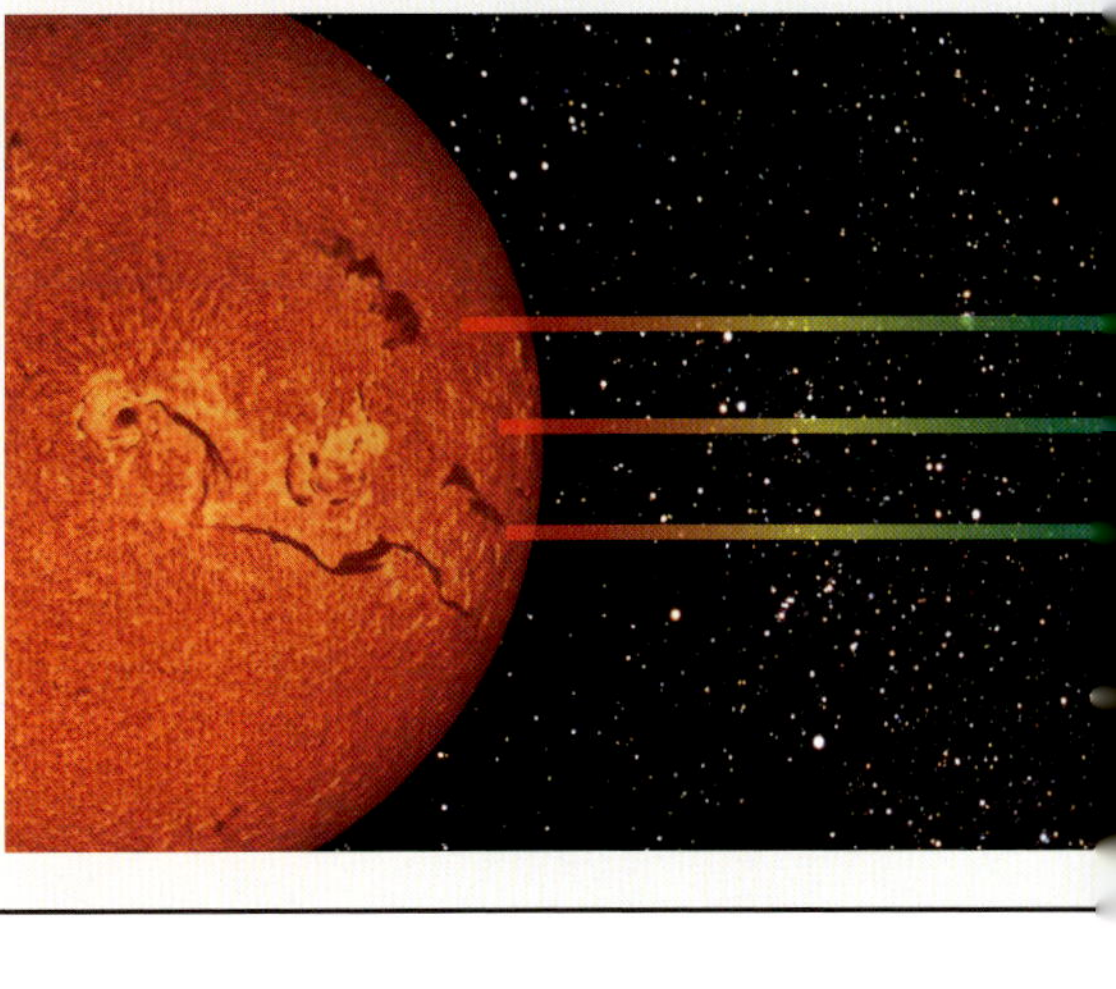

㊳ オーロラのカーテン

◉ このカーテンが開くとサーカスが始まりそう。
撮影時：２００９年1月　場所：ホワイトホース近郊

㊲赤いオーロラが炸裂

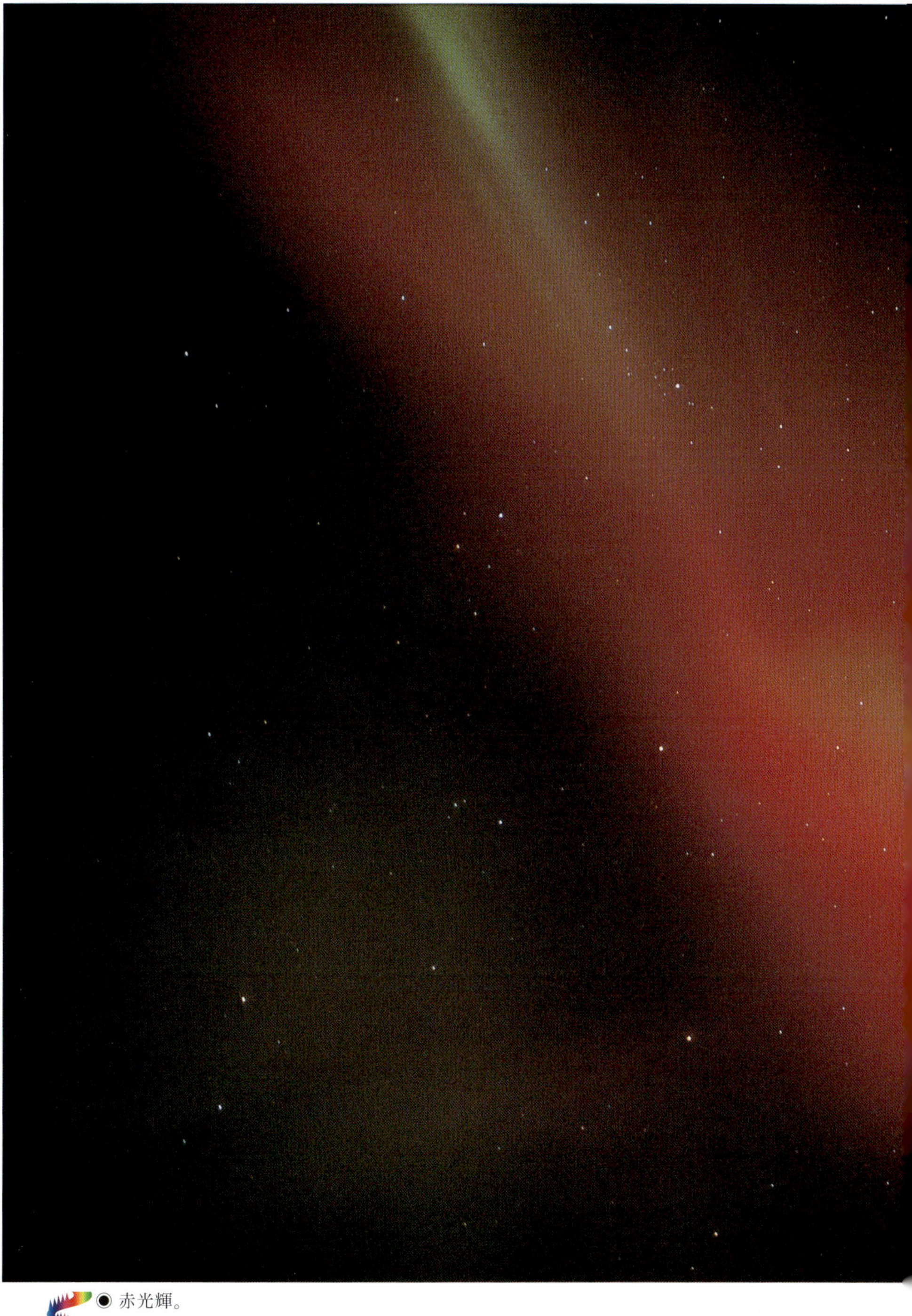

◉ 赤光輝。
撮影時：2003 年 1 月　場所：ホワイトホース近郊

㊵ 淡い緑のアーク

◉目にしているオーロラと風景全てをカメラに収めたく、パノラマ制作をはじめるきっかけになった時でした。
撮影時：2007 年 1 月　場所：カークロス近郊

㊶紫中心のオーロラ

◉ 稀有に属し10年のうちに数回しか遭遇していないオーロラでした。
撮影時：2008年2月　場所：ホワイトホース近郊

㊷北極のオーロラ

◉ 人口密度よりもオーロラ密度の方が高い北極海にて。
撮影時：2009年3月　場所：タクトヤクタック（北極海）

◉ 山の上の瑞光。
撮影時：2008 年 3 月　場所：カークロス近郊

㊹ 緑の大アーチ

◉ 映画の舞台装置の後ろに絵の具で描いたようでした。
撮影時：2008 年 4 月　場所：アトリン　ブリティッシュコロンビア州

㊺ 舞い上がるオーロラ

◉ オーロラの予測は難しく「出ない」との予測でも諦めずに待った夜でした。
撮影時：2008 年 3 月　場所：ホワイトホース近郊

㊻ 緑の巨大なアーク

◉ 微風でさざ波があり、水に映るオーロラに模様ができました。
撮影時：2007 年 9 月　場所：ツームースレイク

㊼緑から青へのレイ

◉ 少し出てはすぐ消えの繰り返しの夜でした。
撮影時：2008 年 3 月　場所：カークロス近郊

◉今にも消えてしまいそうに点滅していたオーロラも長時間露光で撮影すると色が一定に光っているように見えます。撮影時：2008 年 2 月　場所：ホワイトホース近郊

㊾湖上のオーロラ

◉中心から不規則的に移動を始めるのでカメラをどちらへ向けるか瞬時の判断が必要な時でした。
撮影時：2007 年 9 月　場所：ツームースレイク

㊿オーロラの舞

◉高さのあるオーローラなので縦位置構図にして、色の変化まで収めることができました。
撮影時：2006 年 12 月　場所：カークロス近郊

● 肉眼では見えにくい非常に薄いオーロラまでカメラでは収めることができます。
撮影時：2007 年 4 月 場所：トゥームストン州立公園

52 複数のオーロラと星々との共演

◉ 珠玉の大地と光。
撮影時：2008 年 3 月　場所：トゥームストン州立公園

㊸ 上方でコロナが爆発

● 蝶が舞うようでした。
撮影時：2009年3月　場所：北極海

◉ 北斗七星を守護するオーロラ。
撮影時：2004 年1月　場所：ホワイトホース近郊

㊺ 紫の雲とオーロラの共演

◉ まわりの雲と同じようにふわりと浮かぶオーロラでした。
撮影時：2006 年 3 月　場所：ホワイトホース近郊

56 撮影風景

◎ 闇夜の 12 時間、忍耐力と集中力勝負のオーローラ撮影が終り太陽が昇り始めた頃、撮影から一旦開放されます。

【オーロラに捧げる５０冊】

本書の執筆にあたり参考にしたり、引用させていただきました書籍をリストアップしました。オーロラの研究史では⓫㉙の二冊が詳しいのですが、翻訳がないのは残念です。

❶ Fridtjof Nansen .1911, [*In northern mists : Arctic exploration in early times*], Frederick A. Stokes co.
❷ 藤原咲平、1933『大氣中の光象』、鐵塔書院。
❸ アリストテレス、1969、『アリストテレス全集5－気象論』、岩波書店。
❹ フリチョフ・ナンセン、1969、『ノンフィクション全集3フラム号漂流記』、筑摩書房。
❺ トマス・ブルフィンチ、1970『ギリシア・ローマ神話上』、角川文庫。
❻ デカルト、1973、『デカルト著作集1－方法序説（気象学）』、白水社。
❼ ミルチャ・エリアーデ、1974、『太陽と天空神』、せりか書房。
❽ 赤祖父俊一、1975、『オーロラ』、中央公論社。
❾ 小口高、1978、『神秘の光オーロラ』、日本放送出版協会。
❿ S・ミットン、1978、『現代天文百科』、岩波書店。
⓫ Robert H. Eather, 1980, [*Majestic Lights -the aurora in science, history, and the arts*], SAmerican Geographic Union.
⓬ 赤祖父俊一・上出洋介編、1981、『別冊サイエンス・特集宇宙科学』、日経新聞社。
⓭ コーリン・ロナン、1981、『図解天体の観測』、旺文社。
⓮ 斉藤尚生、1982、『有翼日輪の謎』、中公新書。
⓯ 竹内均監修、1982、『科学の先駆者たち』、教育社。
⓰ 国立極地研究所編集、1983、『南極の科学・オーロラと高層大気』、古今書院。
⓱ オリバー・E・アレン、1984、『大気』、西武タイム。
⓲ プリニウス、1986、『プリニウスの博物誌 第一巻』、雄山閣出版。
⓳ デービット・アボット、1986、『世界科学者事典－物理学者』、原書房。
⓴ デービット・アボット、1987、『世界科学者事典－天文学者』、原書房。
㉑ 斉藤尚生、1988、『オーロラ・彗星・磁気嵐』、共立出版。
㉒ 小町谷朝生、1991、『色彩と感性のポリフォニー』、勁草書房。
㉓ ジョージ・ガモフ、1991、『太陽と月と地球と』、白揚社。
㉔ ロバート・グリーンラー、小口高・渡邊堯共訳、1992、『太陽からの贈りもの』、丸善。
㉕ 上出洋介、1992、『オーロラを追いかけて』、情報センター出版局。
㉖ ジャン・ピエール・ヴェルデ、荒俣宏監修、1992、『天文不思議集』、創元社。
㉗ 井村宏次、1992『スーパーサイエンス』、新人物往来社。
㉘ セネカ、茂手木元蔵訳、1993、『自然研究（全）』、東海大学出版。
㉙ Asgeir Brekke and Alv Egeland, translated by James Anderson,1994, [*The northern lights : their heritage and science*], Grøndahl Dreyer.
㉚ 斉藤文一・武田康男、1995、『空の色と光の図鑑』、草思社。
㉛ ニール・デイビス、1995、『オーロラ』、知人書館。
㉜ 斉藤尚生、1996、『形の文化史4 波動芸術としての絵画と音楽』、知人書館。
㉝ ケネス・R・ラング、1997、『太陽』、シュプリンガー・フェアラーク東京。
㉞ ジェリー・デニス、鶴岡雄二訳、1997、『カエルや魚が降ってくる！』、新潮社。
㉟ キャンディス・サヴィッジ、小島和子訳、1998、『神秘のオーロラ』、知人書館。
㊱ 井上洋介、1999、『オーロラ』、山と渓谷社。
㊲ 浅井富雄他監修、1999、『増補気象の事典』、平凡社。
㊳ ジョスリン・ゴドウイン、1999、『北極の神秘主義』、恒星社厚生閣。
㊴ Newton 編集部、2001-3、『Newton オーロラ特集』、ニュートンプレス。
㊵ CALVIN HALL & DARYL PEDERSON, essey by Geolge Bryson,2001, [*NORTHERN LIGHT-The Science, Myth, and Wonder of Aurora Borealis*], Sasquatch Books.
㊶ 赤祖父俊一、2002、『オーロラその謎と魅力』、岩波書店。
㊷ 田中達也、2005、『オーロラ旅物語』、東京書籍。
㊸ 上出洋介、2005、『オーロラウォッチング』、誠文堂新光社。
㊹ 赤祖父俊一、2006、『北極圏のサイエンス』、誠文堂新光社。
㊺ 赤祖父俊一、2006、『北極圏へ―オーロラと地球温暖化に挑む』、白日社。
㊻ 国立極地研究所、2006、『南極大図鑑』、小学館。
㊼ ガブリエル・ウォーカー、渡会圭子訳、2008、『大気の海』、早川書房。
㊽ バーバラ・メタフォード、高山宏訳、2008、『実体への旅』、産業技術社。
㊾ ウオーレス・ソーンヒル、小沢元彦訳、2008、『電気的宇宙論』、徳間書店。
㊿ ロバート・テンプル、牛山輝代訳、2008、『改訂新版 図説 中国の科学と文明』、河出書房新社。

【オーロラに関する基本用語解説】

【オーロラ・オーバル】：オーロラが最も頻繁に現れる楕円状の領域。オーロラは地球の磁気圏の隙間を通って入り込む荷電粒子によって発光しますが、磁気圏の隙間が地球の両極に楕円状に接するためにオーロラが楕円のカーテン状に展開します。

【オーロラ帯】：年間を通じてオーロラが観測できる場所をオーロラ帯（オーロラ・ゾーン）といいます。オーロラ帯は北半球にも南半球にも存在します。

【コロナ】：コロナとはラテン語で「王冠」のことです。「花冠」と同様に冠型の外形を形容してコロナと呼ばれます。太陽のコロナとオーロラのコロナは無関係です。太陽のコロナとは太陽大気の最上部を構成する高温で希薄な領域で、コロナは惑星空間に暴騰して太陽風になります。これもまた王冠を真上から見た様子をイメージしたものでしょう。オーロラの場合、オーロラのカーテンを真下からのぞき込んだ場合、放射状に見えるので「コロナ・オーロラ」と形容されます。

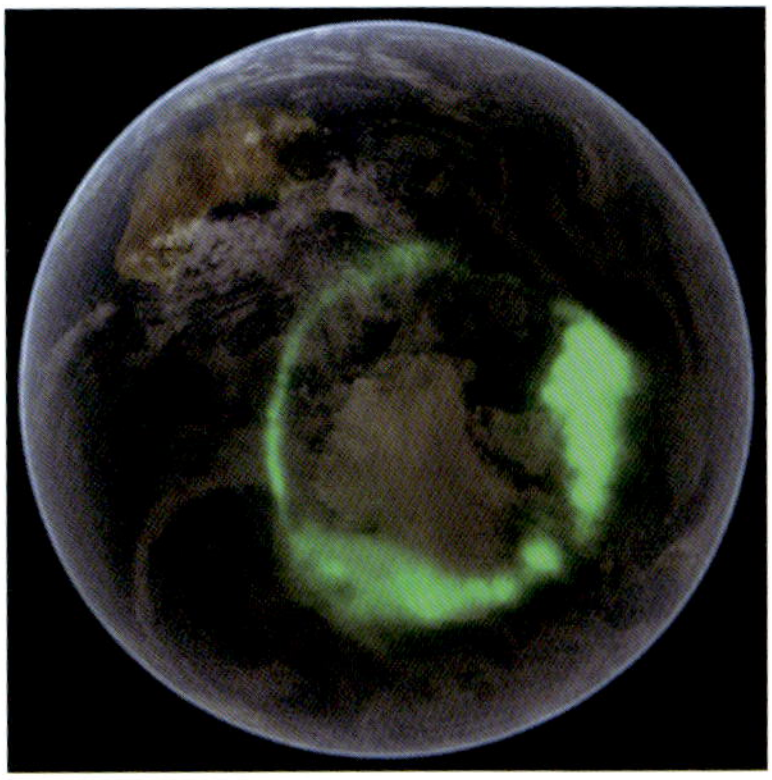

◉ 南極側のオーロラオーバル。（NASA）

【北極光と南極光】：オーロラは「極光」と書きますが、オーロラは北極と南極に同時に現れますので、北極のオーロラを「北極光―オーロラ・ボレアリス」、南極のオーロラを「南極光―オーロラ・アウストラリス」と呼んでいます。歴史的には人口の多い北極地方の方がオーロラ観測の報告が多いようです。

【ヴァン・アレン帯】：地球の赤道に沿ってドーナッツ状に二重に取り巻く領域において、高エネルギーの荷電粒子がとらえられ、地球の生命を太陽からのX線や紫外線など有害な荷電粒子から守っています。一九五八年一月三十一日に打ち上げられた米国初の人工衛星エクスプローラーによって確認されました。この帯域の存在を予測していた米国の科学者ヴァン・アレン（一八三二～一九一九）にちなんで命名されました。

【プラズマ】：オーロラに於いては太陽からの荷電粒子が電離した気体＝プラズマと称されます。本来プラズマとは物質の三態（固体・液体・気体）とは異なった、物質の第四態を指す用語です。物質の四態は、古代ギリシャに於いて「世界を形成する「四元素」（『地』は固体、『水』は液体、『空気』は気体、『火』はプラズマ〈火はプラズマの一種〉に対応する）として、英国の化学・物理学者ウイリアム・クルックス（一八三二～一九一九）が、放電現象に対して第四の物質の状態という言葉を最初に用いたと言われています。

【マウンダー極小期】：イギリスの天文学者・太陽の黒点研究家で聖書学者のエドワード・マウンダー（一八五一～一九二八）は黒点の出現頻度の記録を調べ一八九四年と一九二二年の二回、一六四五年～一七一五年の間太陽の活動が弱まった時代が存在することを発表しましたが、発表当時は特に注目されませんでした。一九七〇年代になって再評価され、広く知られるようになりました。この期間は小氷河期とも呼ばれ、中緯度まで拡がるオーロラは全く観測されていませんでした。マウンダーは他にも太陽の黒点を観察し一九〇四年に十一年周期で黒点の出現頻度が増減することを発表しています。

【太陽風】：太陽から超音速で絶えず噴き出す希薄なプラズマ（主に陽子と電子）の流れで、地球軌道あたりでは、数日から十日の周期で秒速三百～七百キロメートルの間で変化します。太陽風はコロナが惑星空間や星間空間に向かって膨張しているものです。太陽からの距離の二乗に反比例して密度が減って行く。地球の軌道あたりでは、一立方センチメートル当たり約十個程度になります。

極光の読書案内

オーロラ

とりあえず、ここに取り上げた15冊を読めばオーロラに関するにわか博士になれる!

赤祖父先生のオーロラに関する啓蒙本では最も簡潔にまとめられた入門書。オーロラを知りたい人が最初に読む本として推薦します。

◉赤祖父俊一著、2002年、『オーロラ-その謎と魅力』、岩波書店

赤祖父先生のオーロラに関する啓蒙本ではオーロラ研究の歴史に力を入れた入門書。オーロラの研究史を知りたい人が最初に読む本としては最適でしょう。

◉赤祖父俊一著、1975年、『オーロラ』、中央公論社（自然選書）刊

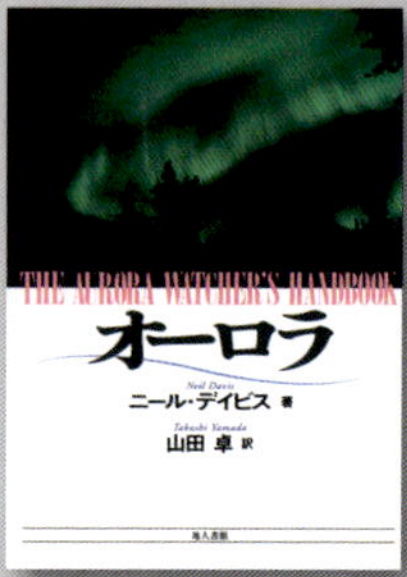

著者はオーロラ現象と地球磁気圏の物理専門のアラスカ大学地球物理学の名誉教授です。専門的な理論を図解や写真などを用い、難解なオーロラの現象や理論を易しく解説しています。専門書というよりは啓蒙書です。

◉ニール・デイビス著、1995年、『オーロラ』、知人書館刊

赤祖父先生のオーロラ本の中では地球温暖化まで含めたレンジの広い北極文化論になっています。カラーの写真や図版も多く読みやすい本です。

◉赤祖父俊一著、2006年、『北極圏のサイエンス』、誠文堂新光社刊

オーロラの研究と啓蒙活動など多方面で活躍中の井上先生のオーロラ啓蒙書。写真や図版を数多く掲載し、オーロラの概要はこの一冊で把握できます。

◉井上洋介著、1999年、『オーロラ』、山と渓谷社刊

本書はオーロラ研究者の小口高先生のオーロラに関する啓蒙書です。比較的歴史に重点が置かれています。

◉小口高著、1978年、『神秘の光オーロラ』、（NHKブックス120）日本放送出版協会刊

海外ではオーロラの文化史を中心にした大型本が多数刊行されていますが、邦訳されているのは本書だけです。オーロラ研究史の貴重な邦訳書です。

◉キャンデイス・サヴィッジ著、1998年、『神秘のオーロラ』、知人書館刊

谷角靖氏が師事する田中達也先生のオーロラ撮影旅行記です。

◉田中達也著、2005年、『オーロラ旅物語』東京書籍刊

本書の写真家谷角靖のオーロラの写真集第一弾。

◉谷角靖著、2004年、『オーロラの降る街』、ピエブックス刊

科学雑誌『Newton』のオーロラ特集。イラストレーションが美しい。『Newton』2001年3月号特集「太陽極大期を迎えて輝くオーロラ」。

◉ ニュートンプレス刊

本書の写真家谷角靖のオーロラの写真集第二作。

◉谷角靖、2006年、『AURORA』、青菁社刊

オーロラ研究現場の雰囲気が伝わる科学読み物。内容的には啓蒙書というよりはやや専門的な内容。おおよその啓蒙書は基本的に類似した内容が多いのですが、本書は他書では扱わない彗星との関係が扱われています。

◉斉藤尚生著、1988年、『オーロラ・彗星・磁気嵐』、共立出版刊

地球を囲む地上から電離層までの大気の層を「海」に見立てた異色の科学読み物です。最終章「最後のフロンティア」で100年ほど前にオーロラを解明したビルケランドの物語は見逃せません。

◉ガブリエル・ウォーカー著、2008年、『大気の海』、渡会圭子訳、早川書房刊

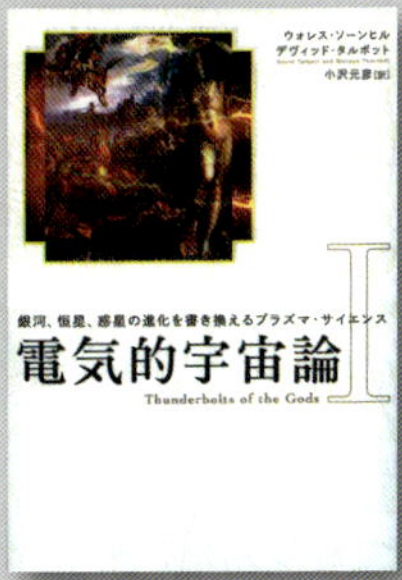

ウォーレス・ソーンヒルとデヴィット・タルボットの革新的な宇宙論。本書の中でオーロラは一現象に過ぎませんが、コズミックサンダーボルト（宇宙雷）の謎から電気的宇宙論が展開されます。

◉ウォーレス・ソーンヒル、デヴィット・タルボット、2009年、『電気的宇宙論I』、徳間書店刊

近代西欧科学の奇観本や、古典書に掲載された科学のイメージに関する独自の評価を展開する気鋭のバーバラ・メタフォードの力作。ド・メランの評価を参考にさせていただきました。

◉バーバラ・メタフォード、2008年、『実体への旅』、産業技術社刊

あとがき

オーロラと出会い最初はカメラに無知で趣味で撮っていました。極小の光、また全く無光で一枚も撮れず家に帰ることもありましたが、オーロラに夢中だった私はそれでも厳しい寒さを忘れ毎晩追い続け十年という歳月があっという間に過ぎ去りました。今ではオーロラの激しいものだけではなく時には動かずじっと光を放っているだけの微光まで絵になるように構図やバランスを考え作品を作っています。その間時代の革新とともに一年前はフイルムのみでの撮影でしたが現在一〇〇%デジタルカメラでの撮影へと移行しました。

パノラマ写真に関してはデジタルカメラで三脚を中心に横に数カット撮影したものをパソコン上でつなぎ合わせ次世代に対応するため六〇〇〇万画素相当の作品を作成しています。

この『極光物語』では鮮麗なオーロラのみでなく様々な形、色、またあらゆる風光、さらに淡青、夕陽、雲、満天の星空など数々の空の表情まで考えオーロラと組み合わせた作品群をご覧いただけると思います。

また今回お世話になった青菁社の日下部社長とデザイナーの杉山氏の力をお借りし、今までとは一味違った内容のオーロラの書籍を完成させることができ大変感謝しています。

写真家　谷角　靖

天空における気象現象は全てつながりがあります。「虹」、「雲」について『極光物語』を書くことになり、アリストテレスやデカルトの『気象論』以降の資料を読み返してみました。オーロラはギリシア以来二千年近く「気象学」で扱われて来ましたが、二十世紀以降は「地球物理学」で扱われるようになりました。本書は写真集を基盤にしていますので、科学的な解説に関しては最低限しか解説していません。ほとんど触れられなかった二十世紀に入ってからの本格的な取り組は、巻末の参考図書で各自お調べいただければ幸いです。

国内で出版されているオーロラに関する書籍は、文字中心の小型の本が大半ですが、海外では大型のビジュアル本も数多く出版されています。「虹」に比べれば多くの本が入手できることも分かりました。

編集にあたっては、目次の作成で行き詰まりました。色々と調べて、オーロラの写真集には目次が大まかにしか書かれていない理由が分かりました。それは、オーロラの動きは見る角度によって形が変化する現象なので雲のように細かな固有名称が付けにくいからです。しかしながら本書はシリーズ本なので、体裁を揃える意味で強引に見出しを作成しました。写真の解説は下段の谷角さんのコメントで読み取っていただけると思います。

時間と予算に余裕のある方は本書を携えてオーロラ鑑賞ツアーに参加するのも良いでしょう。また、オーロラ鑑賞ツアーに出かけることのできない読者各位は、谷角さんの写真を鑑賞しながら、【極光物語】をお読みいただければ、更に深くオーロラを理解する事ができるでしょう。

グラフィックデザイナー　杉山久仁彦

●写真家プロフィール

谷角 靖　JPS 日本写真家協会会員

一九七三年 大阪生まれ

一九九九年 カナダ極北へ移住し、オーロラや風景を撮り始める。

二〇〇三年 以降毎年各地で写真展開催、写真家田中達也氏に師事。

二〇〇九年 ニコンカレッジ講師担当。

写真集：『オーロラの降る街』：ピエブックス、『オーロラの空』：**青菁社**

●著者プロフィール

杉山久仁彦　日本色彩学会会員

一九四八年　北海道生まれ

株式会社 DWH 代表取締役

制作・著作物：

『EIZO Desktop Color Handbook 07』特集：虹の文化史、『虹物語』：**青菁社**、『雲物語』：**青菁社**

『EIZO Desktop Color Handbook 08/09』特集：Rainbows【虹を解き明かした人々】

『EIZO Desktop Color Handbook 09/10』特集：Color Circle【色彩環は誰が発明したのか?】ほか

【極光《オーロラ》物語】

発行日…二〇〇九 年十一月十八日　一刷

著者

写真……谷角 靖

文………杉山久仁彦

装丁・デザイン……杉山久仁彦

印刷……大平印刷株式会社

製本……新日本製本株式会社

発行者…日下部忠男

発行所…株式会社 **青菁社**

〒603-8053 京都市北区上賀茂岩ヶ垣内町八九-七

Tel:075-721-5755　Fax:075-722-3995

http://web.kyoto-inet.or.jp/org/s-s-s/

振替　01060-1-17590

ISBN 978-4-88350-058-1 C0072